KB002966

살롱 헤어 업스타일

맹유진·장선엽 지음

光文閣
www.kwangmoonkag.co.kr

CONTENTS

머리말

헤어 미용의 역사에서 업스타일은 매우 긴 시대 동안 여성에게 주요 스타일로 유지되었다. 머리를 길게 길러서 컬을 아름답게 정리하고, 위로 올려 형태를 만들어서 아름다움을 극대화하여 여성의 미가 강조되었다. 각 시대가 원하는 미의식에 맞게 다양한 업스타일이 등장하였다.

현대에는 여성의 사회 진출이 일반화되면서 손질이 편리하며 개성을 드러낼 수 있는 커트와 퍼머넌트 웨이브, 헤어 컬러링 등의 스타일의 주를 이루고 있으나, 여성성을 극대화하여 표현할 수 있는 업스타일은 여전히 특별한 날에 주요 스타일로 인식되고 있다.

그러나 헤어스타일에서 일반적으로 많이 하는 스타일은 아니므로 업스타일을 잘 하는 헤어디자이너는 많지 않다고 할 수 있겠다. 과거의 아름다운 업스타일을 분석하고, 곡선의 미를 증폭시키며 개개인의 이미지와 요구에 맞게 스타일링할 수 있도록 학습한다면 특별한 가치를 지닌 헤어디자이너로 발전할 수 있을 것이다.

본 교재는 시대별 아름다운 업스타일의 미적 감흥과 특징을 알고, 업스타일의 기본을 학습하며 재료에 대한 이해와 기초 실기를 학습할 수 있도록 구성되어 있다. 또한, 살롱에서 상황과 고객의 취향에 맞게 연출할 수 있도록 다양한 실전 살롱 업스타일로 실기가 이루어져 있다.

이론 부분은 업스타일의 개념과 시대별 업스타일의 역사, 디자인 요소로 구성되어 있으며, 실기는 업스타일의 기초 실기 부분으로 도구와 제품에 대한 이해와 브로킹, 백콤, 머리 묶는법, 핀 사용 법, 기본 업스타일 테크닉, 땋기 & 꼬기 테크닉으로 나누어져 초보자라 하더라도 교재를 보며 업스타일을 연습할 수 있도록 세부적으로 사진을 넣어 기술하였다.

실기 부분은 크게 심플 업스타일 부분과 내추럴 업스타일 부분으로 나누어져 있으며, 심플 업스타일 부분은 웨딩과 연주회, 기념일 촬영 등에 활용할 수 있는 스타일들로 이루어져 있고 총 10개의 작품을 넣었다. 내추럴 업스타일 부분은 일상생활에서 응용하여 사용할 수 있는 가벼운 업스타일과 자연스러운 연출을 할 수 있는 업스타일로 9개의 작품으로 구성되어 있다. 각각의 작업은 자세한 과정 사진을 제시하였다. 마지막 파트에는 부록으로 다양한 응용 업스타일 작품을 제시하여 교재에 있는 업스타일 작품을 바탕으로 다양한 스타일을 작업할 수 있도록 예시를 보여주었다.

업스타일은 창의적인 작업으로 교재를 통해 기본 실기 능력과 디테일한 작업을 하는 방법, 다양한 스타일링 방법을 익힌다면 각각의 헤어디자이너의 특성에 맞는 업스타일 작업을 할 수 있을 것이다.

이 책이 숙련되고 창의적인 업스타일 작업을 원하는 헤어디자이너 및 미용에 관심이 있는 학생들에게 기본이 되었으면 한다. 이 책이 나오기까지 도와주신 광문각 박정태 회장님을 비롯한 직원 여러분께 깊은 감사를 드린다.

CHAPTER 01

이론편

HAIR COLORING

업스타일의 개념

1. 업스타일의 정의

업스타일의 사전적 의미는 'UP+Style', 즉 '머리를 높이 빗어 올려 목덜미를 드러나게 하는 여자의 머리 모양'이라 정의할 수 있다.

그러나 다양한 시대 속의 업스타일은 머리를 높이 빗어 올린 것만이 존재했던 것이 아니라 내려 묶은 머리, 혹은 긴 머리를 늘어뜨린 머리 등 다양한 형태의 스타일이 존재했다.

고대부터 19세기까지 여성은 특별한 경우를 제외하고는 머리카락을 자르지 않고 길게 길렀으며, 긴 머리카락을 여러 가지 형태로 아름답게 만들었다. 이를 업스타일이라고 명명하였고, 시대별 특징에 따라 다양한 형태로 변화되었다.

아름답게 손질된 머리 모양은 신분과 부를 나타내었으며 더욱 정교하고 부풀려진 형태로 자신의 계급과 부, 아름다움을 과시하였다. 업스타일은 단순히 위로 빗어 올려진 것만이 아니라 꼬거나, 땋고, 컬을 만들고, 가발을 이용하여 더욱 큰 형태를 만들고 색을 입히거나 보석으로 장식하여 아름답게 연출하였다.

현대에 와서는 여성의 사회 진출로 인하여 많은 시간을 들여 형태를 만들어야 하고 생활하기 편하지 않은 예전의 업스타일은 크게 유행하고 있지 않으나 특별한 날이나 예식, 연주회, 화보 촬영과 같이 아름다움을 극대화하여야 하는 부분에는 이용된다. 헤어디자이너의 감각을 극대화하여 표현될 수 있고 정교한 연출을 필요로 하기 때문에 기술력과 창의성, 섬세한 기교를 필요로 하는 헤어스타일 분야라고 할 수 있다.

존 싱어 사르겐트 (출처: https://artvee.com)

2. 업스타일의 특성

업스타일은 여성의 아름다움을 최대로 표현해 줄 수 있는 헤어스타일이다. 여성의 우아함과 사랑스러움, 로맨틱한 분위기를 연출해 주는 스타일로 예술적이고 창의적인 헤어스타일이다.

업스타일은 다른 헤어디자인 부분과 큰 차이가 있는데, 이는 바로 규칙에 얽매이지 않는 디자이너의 미적 감각과 창의성이 매우 필요한 분야라는 점이다. 이로 인해 좋은 업스타일을 연출하기 위해서는 디자인적인 이해와 심미적 감각을 키워야 한다.

디자인에 대한 기초 지식, 즉 점, 선, 면의 이해와 구성, 양감과 질감, 트렌드의 이해와 시대별로 아름답게 연출되었던 업스타일을 분석하고 현대적으로 재해석하는 것이 필요하다.

업스타일은 기본적인 디자인에 대한 이해, 과거 여러 세대에 거쳐 나타난 업스타일의 조사와 해석, 그리고 다양한 기술과 정교한 표현력, 디자이너의 창의력을 바탕으로 고객과 상황에 맞는 스타일을 만들어 낼 수 있다.

PART 02

HAIR COLORING

업스타일의 역사

1. 고대 이집트(기원전 3000년~기원전 30년)

이집트 문명은 기원전 3000년경 나일강 주변을 중심으로 생겨났다. 이집트는 주변이 바다와 사막으로 둘러싸여 있어 외적의 침입이 어려웠기 때문에 오랜 기간 문화를 꽃피울 수 있었다. 또한, 나일강 유역의 범람은 일정하게 일어났으며 범람을 통해 농업이 발달하였다.

고대 이집트인들은 매우 높은 위생 기준을 가지고 있었고 쉽게 세탁할 수 있는 린넨을 주로 복식으로 사용하였다. 위생적인 이유로 남자들은 거의 머리카락과 수염을 밀고 파란 줄무늬 사각형 쓰개(클라프트, Klaft)를 사용하였다. 그러나 수염은 권위의 상징으로 통치자들은 인위적 수염을 달기도 하였다. 여성들도 시원하며 해충을 방지하기 위해 머리를 밀고 두피를 보호하기 위해 가발을 착용하였다. 가발은 인모를 사용하거나 울, 종려나무 섬유질로 만들기도 하였다.

가발은 시대에 따라 길이와 형태가 달랐다. 신분이 낮은 여성들은 자신의 머리를 길러 단발 형태로 만들었다. 가발 모발은 꼬기나 땋기, 여러 방식의 꼬기와 땋기 혼용 등으로 다양하였으나 전체적인 모양은 직선적인 모양을 가진다. 가발 대부분은 검은색이었으며 진한 청색, 밤색, 금박으로 입힌 것들이 있었다. 가발은 여성의 것이 남성의 것보다 길었고, 형태는 복잡하게 땋은 갈래와 컬, 머리카락을 꼬은 것을 가지런히 정리하여 놓은 것 등이 있었다. 머리에는 화려한 머리 장식을 하였다. 왕비는 권위를 드러내기 위해 머리에 매와 코브라 모양의 관을 썼다. 또한, 축제가 열리면 머리 위에 향료를 올리고 기름이 녹으면서 몸매가 드러나게 하였다. 이집트인들은 모자는 사용하지 않았다. BC 1500년경부터 헤나(Henna)의 잎 부분을 이용하여 머리를 염색하였다는 기록이 있다. 헤나는 모발 외에도 메이크업과 손톱, 발톱을 물들이는 것에도 이용되었다.

2. 고대 그리스(기원전 1200년~기원전 146년)

기원전 1200년경 '도리아인들'이 북쪽에서 내려오면서 미케네 문명을 제압하였고, 이오니아인들은 남쪽으로 흩어지게 되었다. 그들은 크고 작은 도시국가를 만들었고 BC 5세기와 BC 4세기 그리스에는 위대한 철학자와 예술가에 의해 문화가 발전하였다. 그리스는 이상적인 인간의 비율이 발달하였다. 그리스적 이상은 정신적 완벽함뿐만 아니라 육체의 완벽함도 추구하였다. 그리스인들은 자신들이 섬기는 신들도 가장 아름답고 멋진 인간의 모습을 하고 있다고 믿었다. 이러한 관념에서 몸을 아름답게 드러내고자 하는 것이 의복에도 영향을 주어 인체의 곡선을 드러낸 흐르는 듯한 의복이 주류를 이룬다.

여성들의 지위는 매우 낮았으며 외출을 자유롭게 할 수 없었다. 많은 시간을 집안에서 보내야 했기 때문에 자신의 몸을 치장하는 데 많은 시간을 들였다. 그리스 여인은 정숙하고 겸손한 품성이 요구되어 화장을 별로 하지 않았으며 자연스러운 미를 추구하여 메이크업보다 헤어스타일에 많은 변화를 주었다. 그리스인들은 신들이 금발이라고 믿었으며 금발에 컬이 있는 머리를 선호하였다.

남녀 모두 머리 모양에 관심이 많았고, 머리를 손질하는 방법은 몇 세기에 거쳐 엄청나게 발전하였다. 그리스가 페르시아에 승리하기 전, 남녀 모두 머리를 길게 길렀다. 그러나 남성들은 긴 머리는 여자같이 보인다고 하여 성년기가 지나면 머리카락을 잘라 신에게 바치고 짧은 머리 모양을 하고 턱수염도 면도하였다. 여성들은 얼굴 주위에 짧은 곱슬과 함께 곱슬거리는 길게 땋은 머리를 하였다.

기원전 5세기 중반 이전에는 여성들은 필릿(가는 머리끈, Fillet)으로 묶곤 했다. 뒷머리는 뒷 목덜미에 낮게 시뇽(Chignon)으로 쪽을 지었다. 그 이후에도 뒷머리는 쪽을 지거나 머리 매듭을 만들어 끈, 스카프, 리본, 캡 등으로 고정하였다. 여성들은 컬을 만들기 위해 카라미스드람(Calamistylam)이라는 2개의 금속 파이프를 사용하였다. 전체적으로 그리스 시대의 헤어스타일은 인체의 비율을 많이 벗어나지 않은 크기와 인위적이지 않은 자연스러운 형태를 하고 있다.

3. 고대 로마(기원전 753년~기원후 476년)

기원전 753년경 테베레강을 따라 작은 도시국가가 세워졌고 점차 상업이 발달하고 정복 전쟁에 참여하면서 기원전 3세기에는 이탈리아 반도를 통일하였다. 그리스 정복 후 그리스 문화를 그대로 받아들여 BC 8세기 중기부터 AD 5세기 후기에 이르는 13세기 동안 전개되었다. 로마는 황제에 의해 다스려지는 제국이 되었고 그리스 문화를 토대로 헬레니즘, 에트루리아, 이집트 등 앞선 문화를 흡수하여 더 심도 있는 문화로 재현하였다.

로마는 사회적 양상이 급격히 변화하는 시기로서 남성 위주로 국가가 급속히 발전하였다. 대제국을 세운 로마인의 전형은 군인이었다. 로마의 대표적 권의형인 토가는 권위적인 힘을 느끼게 해준다. 의복은 그리스의 형태와 유사하나 남성적 권위를 더욱 드러내는 소재인 양모 직물을 사용하여 무거운 주름을 표현하였다.

헤어스타일은 그리스와 거의 유사하나 좀 더 복잡하였다. 공공장소에서는 머리를 가리는 것이 일반적이었다. 그리스인과 같이 컬이 있는 금발머리를 좋아하였고 향유와 머리 분을 사용하여 항상 향기 나도록 머리를 빗었으며 황색으로 염색을 하였다. 이렇듯 금발이 유행하여 기름과 재를 혼합하여 머리에 바르거나 유향나무 기름과 식초의 앙금을 섞어 발라 금발로 염색하였다. 또한, 부분 가발을 많이 사용하였을 뿐만 아니라 전체 가발도 사용하였다. 가발은 금발 노예의 머리카락을 자르거나 골족이나 게르만족의 머리카락을 로마로 보내도록 하여 만들었다. 머리 장식은 점점 더 정교해져서 메살리나[클라우디우스 황제

(41~54년 제위)의 세 번째 부인] 시대 이후로 패션에 관심이 많은 귀부인들은 '투툴루스(Tutulus)'라고 하는 원뿔 모양으로 머리를 손질하거나 얼굴 주위 모발에는 달군 쇠꼬챙이를 이용하여 촘촘한 컬을 넣었다. 머리 장식도 점점 화려해져서 단순했던 머리밴드는 보석이나 카메오(양각한 마노, 조개껍데기 따위: Cameos)로 뒤덮은 금과 은의 티아라로 바뀌었다.

키가 크고 금발머리에 하얀 얼굴, 볼은 붉으며 눈에는 검은 그림자가 있고 눈썹은 붓으로 붙어 있게 그려진 여인이 미인이었다. 귀부인들은 머리와 털과 화장을 위해 여러 명의 몸종을 두었다. 하층민들은 노랑이나 청색으로 염색하였다.

4. 비잔틴 시대(330년~1453년)

강력한 힘을 가졌던 로마가 동과 서로 분리되고 서로마제국은 곧 멸망하였으나 동로마제국은 330년에 콘스탄티누스 황제가 수도를 비잔티움으로 옮겨 콘스탄티노플이라 명명한 이후 1,000년간 유지되었다. 이를 '비잔틴제국'이라 하며, 그 당시 동양과 서양의 접속점으로 지중해와 흑해를 잇는 요지이기도 하였다. 비잔틴제국은 유럽과 아시아를 잇는 중심지로 상업이 크게 발달하여 점점 더 부유한 나라로 성장하였다.

비잔틴제국은 견직물 공업이 특히 발달하였는데 이는 황제나 귀족의 화려한 복식 생활을 유지할 수 있게 해주었고 국가 재정의 주원천이기도 하였다. 고대 로마를 잇는 비잔틴은 기독교를 국교로 하였으며 그리스 문화가 융합된 그레코-로만풍의 스타일을 복식의 기본으로 하였다. 기독교의 영향으로 상징적인 문양을 복식에 사용하고 되도록 몸을 감추는 옷을 입어 금욕적이고 권위 있는 모습으로 보이길 원했다. 또한, 동방의 영향으로 실크, 화려한 색감, 프린지, 태슬(Tassels), 금·은사의 자수, 진주로 장식하여 더욱 화려하고 사치스러운 감각을 띠게 되었다. 비잔틴 시대의 황제는 '종교적인' 모습이었다. 실제로 황제는 그리스도교의 지상 대리인으로 종교 회의를 소집하였다. 황제의 의복은 단순한 의복이라기보다는 '예복'이었다. 비잔틴 모드는 중세와 르네상스 시대의 유럽에 큰 영향을 미쳤고, 러시아 의복의 기초가 되었고 현대 가톨릭 법의로도 그 형태가 남아 있다.

색채에도 종교적인 영향을 받아 상징적인 의미를 띠고 있었다. 흰색은 순수와 광명 및 기쁨, 붉은색은 사랑과 순교자의 피를 상징적으로 표현하였다. 녹색은 생명력과 소망을, 검은색은 고난과 죽음, 보라색은 겸손과 속죄, 자주색은 고행, 그리고 금색은 선행을 상징하는 색으로 쓰였다.

비잔틴 시대에 여성의 지위는 낮았기 때문에 부인은 남편에게 순종해야 했다. 여성들의 의상은 아름다웠지만 활동하는 데는 매우 불편하였다.

비잔틴 초기의 머리 모양은 남녀 모두 로마인들과 비슷하였으나 6세기경부터는 다른 형태로 발전하였다. 여성들은 초기에는 로마인들과 같이 땋아 올렸다가 점차 베일이나 터번으로 머리를 감쌌다. 여성들은 머리 모양보다는 머리에 쓰는 헤드드레스(Headdress)를 더욱 중요하게 생각하였다. 자신들의 머리를 고급스러운 실크나 진주로 장식한 망을 씌움으로써 독특한 형상을 이루었고 관은 특징적인 헤드드레스로 값비싼 다양한 보석들로 장식하고 금속으로 만들었다. 특히 황제나 황후의 관은 진귀한 보석으로 장식하였으며 높이가 5인치였다. 관은 동방과의 교류에서 사용하기 시작한 것으로 비잔틴의 전체적인 호화스러운 화려한 문화를 나타내고 있다. 8세기 이후로는 터번이나 베일로 머리를 감싸고 그 위를 화려하게 장식하는 것이 유행하였다.

5. 로마네스크 시대(11~12세기)

비잔틴 문화가 융성하고 있는 동안, 동쪽에서 밀려온 훈족의 침략으로 게르만 민족의 대이동 속에서 게르만 민족은 서로마 제국을 멸망시키고 그 자리에 왕조를 세웠다. 전쟁이 계속되고 새로운 왕국이 생겼다가 사라지면서 서유럽의 세계는 매우 혼란스러웠다. 암흑시대에 서유럽인들은 게르만적 요소를 바탕으로 로마적인 복식과 관습, 라틴어를 받아들였으며 비잔틴 요소가 융합되어 고대와는 다른 양상으로 변화하게 된다. 지형과 종족에 따라 매우 다양한 복식 형태를 가지고 있었으며 단순한 형태가 일반적이었고 복식의 발달이 원시 단계에 있었다고 볼 수 있다.

이 시기의 유럽은 게르만 민족이 중심이 되어 로마제국의 정치적인 행정 조직을 바탕으로 하여 정신적인 면은 로마 가톨릭이 기반이 되었다. 또한, 문화적으로는 로마와 그리스의 전통을 배경으로 한 문화를 이루었다. 특히 로마 가톨릭은 중세 사회를 이루는 절대적인 요인으로 봉건 영주에게도 많은 영향력을 발휘하였다. 새로 생겨난 왕국들은 기독교를 받아들이면서 로마 교황의 힘이 강화되었다. 교회의 세속적인 욕구와 봉건 영주의 후원이 결합하여 크고 멋진, 웅장하고 힘 있는 성당 건축에 힘을 기울였고 이때 나타난 새로운 양식이 로마네스크 양식(Romanesque style)이다. 로마네스크 양식은 초기에는 건축 양식만을 말하는 것이었지만 지금은 당시 모든 예술 양식을 말한다.

12세기 중반에 복식에서 로마네스크 양식이 등장하는데 로마네스크는 로마풍이라는 뜻으로 11세기 이후 서유럽 사람들은 문화 부흥의 모델을 동로마에 두었다. 비잔틴의 영향으로 얇은 실크로 된 튜닉 형태의 옷을 입었고 체형을 의식한 허리끈을 이용한 잔주름을 나타낸 스타일이었다. 기독교 교리에 부합하고자 몸을 꼭 감싸는 옷을 착용하였다. 이때부터 남자와 여자의 복식이 서서히 다르게 변화되어 갔는데, 여성의 옷은 보다 장식이 많고 화려해져 갔다. 이는 십자군 전쟁의 영향으로 동양의 화려하고 고급스러운 옷감이 들어왔기 때문에 가능하였다.

머리 스타일은 남녀 모두 모자를 쓰지 않았고, 모두 머리가 길었고 남자와 어린 소녀들은 머리를 묶지 않았다. 당시에는 어깨를 덮는 케이프가 달린 후드를 신분의 구분 없이 썼는데 이는 얼굴만 내놓도록 되어 있어서 머리 형태에는 큰 관심이 없었음을 알 수 있다. 이 후드는 샤프롱(Chaperon)이라는 것으로 이후 고딕 양식 시대까지 계속되었다. 샤프롱 위에 모자의 챙이 말려 올라가는 보닛(Bonnet)이나 펠트 모자를 썼다.

여성들의 전형적인 머리형은 가운데 가르마를 하고 머리를 두 가닥이나 세 가닥으로 땋아서 길게 늘어뜨렸다. 특히 머리를 길어 보이도록 리본이나 가발을 함께 땋아서 늘어뜨렸다. 반면 기혼 여성들은 시뇽 형태로 머리를 묶었으며 터번 형태로 된, 혹은 몸 전체를 덮는 긴 베일로 머리를 감쌌다.

여성의 머리 장식으로는 머리 위에 면이나 린넨으로 된 사각 혹은 원형의 얇은 직물을 덮어 쓰고 어깨 위로 늘어뜨렸다. 부유한 여성들은 부와 사회계급을 나타내는 관을 그 위에 써서 신분을 과시하였다.

특히 13세기경에는 지위가 높은 계급의 여자들 사이에 뺨을 감싸는 친 밴드(Chin band)가 유행하였다. 이는 흰 린넨을 밴드 모양으로 만들고 뺨 아래를 지나 머리 위에서 핀으로 고정시킨 것이다. 그 위에 관 같은 형태로 된, 다른 헤어밴드나 토크(Toque)를 썼다.

6. 고딕 시대(13~15세기)

중세 말기에 이르러 십자군 원정의 실패가 되풀이되면서 교회와 교황의 권위가 떨어지게 되고 국가와 국왕의 권위가 커졌다. 그러나 십자군 원정의 영향으로 학문·예술·산업 등이 비약적으로 발달하였으며 견직물·모직물 공업 등의 직물 공업이 발달하였다. 직물 공업의 발달은 무역의 성장을 가져왔고 도시가 번성하게 되었으며, 무역으로 부를 축적한 상인들이 부르주아로 출현하여 사회의 중심 세력으로 활약하기 시작하였다. 사람들은 교황과 교회로부터 벗어나 삶을 즐기고자 하는 욕망이 생겨났고 몸치장에 관심을 기울이게 되었다.

십자군 원정에서 동양의 아름다운 사원과 다양한 건축물을 접하고 돌아온 이후 로마나 비잔틴의 것을 모방하던 것에서 벗어나 독자적인 스타일을 창조하는데 이를 고딕(Gothic) 시대라고 한다. 고딕 건축 양식의 특징은 하늘을 찌를 듯한 뾰족한 탑, 첨형 아치와 서로 얽힌 격자무늬, 그리고 돌 대신 색 유리창을 사용하여 전체적으로 힘차고 화려한 밝은 느낌을 준다. 고딕 건축의 외관은 그대로 복식이나 머리 모양에도 영향을 주었다. 전체적으로 길고 흐르는 듯한 실루엣, 앞이 뾰족한 구두, 소매가 옷단의 톱니 모양, 높고 뾰족한 모자 등이 그러하다. 대표적 건축으로는 파리의 노트르담(Notre Dame) 사원이나 아미엥(Amiens) 대성당을 들 수 있다.

복식에서는 동양으로부터 카프탄과 단추가 들어와 새로운 모양의 옷을 만들기 시작하였다. 의복도 성별의 차이가 드러나는 옷들이 생겨났다. 남자 옷은 짧아지고 여자 옷은 몸의 윤곽선이 드러날 정도로 꼭 끼는 형태로 변하였다. 여자들은 과감하게 몸을 드러냈다. 목선을 깊이 내렸으며 목선을 허리까지 내리고 가슴에 세모난 천을 붙이기도 하였고, 가슴의 곡선이 드러나도록 가슴 아래를 끈으로 꽉 조이기도 하였다.

또한, 십자군 원정의 영향으로 동방의 문화와 함께 머리 장식이 받아들여졌다. 머리 모양에 있어 교회의 영향이 매우 컸기 때문에 머리를 자르거나 웨이브를 넣거나 하는 것이 금기되었다. 또한, 뒷목이 보이는 것은 예의에 어긋난다 하여 부드러운 천으로 땋은 머리 밑으로 뒷목을 가리었다. 13세기 이후로는 아래로 내려진 모발 형태는 없어지고 땋은 머리카락을 여러 형태로 모양을 내는 것들이 가능해졌다.

초기에는 미혼 여성들은 컬한 머리를 자연스럽게 늘어뜨렸으며, 결혼한 여성들은 가운데 가르마를 하고 양쪽으로 땋아서 귀 위에 바퀴 모양으로 장식하였다. 13세기 말을 향해 가면서 크레스핀(Crespine)이 출현하여 바르베트 및 필릿과 함께 착용되었다. 이는 머리카락을 싸는 망으로 혁신적인 스타일이라고 할 수 있는데 그 이유는 당시 여성의 머리카락이 눈에 띄는 것은 부도덕한 것으로 여겨졌기 때문이다. 크리스핀 쓴 위에 터번 모양의 것으로 하트 모양, 각진 모양, 둥근 볼을 올려놓은 모양 등 다양한 모양으로 변화되었고 금이나 진주, 유리 등을 장식하여 화려한 두 가닥 뿔 모양으로 만들기도 하였다. 이를 에스코피온이라 하였다. 고귀한 귀부인들은 크레스핀을 하고 에스코피온을 머리에 쓰고 그 위에 왕관과 짧은 베일을 얹었다.

14세기 말로 가면서 쿠션 머리쓰개도 나타났는데, 이는 머리카락을 싸는 망 위에 착용한 패딩 롤(padded roll)이었다. 머리카락은 양 귀 위에서 템플러(templers)라고 하는 작은 매듭으로 똘똘 감췄고 이는 극단으로 치달아서 두 템플러의 폭을 합하면 얼굴의 두 배가 되기도 했다.

이 시대 가장 큰 특징적인 헤드드레스는 에넹(hennin)으로 뾰족한 머리쓰개로 머리카락을 감싸 넣은 작은 캡이나 그물모자 위에 부착된 와이어 구조로 프랑스에서 많이 착용하였다. 에넹은 에넹이라는 부인이 만들어 낸 끝이 뾰족한 원추형의 모자로 1485년까지 100년 이상이나 사용되었으며 디자인도 다양해져 하트 형태, 두 뿔 형태도 등장하였다. 에넹의 높이는 더욱 높아지고 바닥에 끌리는 베일을 덮었으며 높이에 따라 착용한 사람의 신분을 알 수 있었다. 중세의 머리 모양은 많은 상상력을 가진 다양하고 화려한 '머리카락을 가리는 형태의 장식'이라고 볼 수 있다.

7. 르네상스 시대(15~16세기)

르네상스(Renaissance)는 고대 문화의 재생과 부흥을 의미하는 것으로 중세 그리스도교의 긴장과 압박으로부터 정신을 해방하여 '다시 태어난다'라는 뜻이다. 르네상스 운동은 이탈리아에서 시작되었다. 지리적인 요건으로 15세기 유럽 제국에 앞서 상업 활동이 활발히 진행되었고, 자유의 활기가 넘치는 금융업의 선진국이었다. 그리고 고대 로마의 문화유산도 풍부했다. 인간성을 회복하고 잃어버린 고대 그리스와 로마 문화를 살리자는 르네상스 운동은 직물 공업을 기반으로 경제력을 이룩한 이탈리아에서 14~15세기 무렵 시작되었다.

이탈리아는 무역이 발달하였으며 생활면에서 자유가 보장되었다. 건강한 것을 아름답게 여기면서 몸을 스스로 아름답게 꾸미기 시작하였고 육체의 미를 찬양하였다. 옷에서도 몸의 아름다움이 잘 드러나기를 바랐으며 이러한 몸의 곡선을 강조하는 옷차림이 전 유럽에 유행하였다.

여성들의 복식은 데콜테 부분을 대담하게 노출하고 하이웨이스트로 구성된 드레스에 로브를 착용하였다. 중반부터는 데콜테의 러프 칼라가 유행하였다. 특히 여성들은 신체의 곡선을 더욱 과장되게 보이도록 몸에 꼭 끼는 코르셋이나 치마를 부풀리는 파팅게일 같은 속옷을 입었다.

이탈리아의 머리 모양은 훨씬 자연스럽고 비정형적이었으며, 앞머리를 잡아당겨 이마를 높게 하는 것이 유행이었다. 이후 유행했던 스타일은 가르마를 탄 머리를 턱 부분에서 잘라 컬을 만들고 뒷부분은 시뇽 형태로 리본으로 올렸다. 이후 뒷부분은 머리를 땋거나 엮고 리본을 사용하여 형태를 만드는 것으로 다양한 스타일이 나타났다.

미인은 희고 투명한 장미빛 피부에 금발 머리가 이상적인 것으로 분으로 머리를 감거나 머리를 일광에 쬐는 방법이 행해졌다. 베네치아 여인들은 모발에 황산알루미늄, 검은 황, 벌꿀을 혼합한 부식성 용액을 모발에 바른 후 테두리만 있는 모자인 솔라나(solana)를 쓰고 햇볕에 앉아 밝게 만들었다. 금발의 헤어피스를 하거나 향기로운 분을 뿌리기도 하였는데 검은 머리의 사람은 보라색 가루를 뿌리고, 금발인 사람은 아이리스 가루를 사용하였다.

이탈리아의 개방적인 분위기도 독일과 영국에 까지는 영향을 미치지 못했으며 15세기까지 고딕 스타일이 지속되고 있었다. 머리 장식은 중세의 장엄한 디자인이었는데 변화된 점은 더 이상 고딕의 뾰족한 탑 모양이 아닌 튜터 왕조의 창문 모양을 하고 있었다. 가슴 부분은 수평의 데콜테로 노출하였고 소매에 고딕 스타일의 가운을 둘렀다. 헨리 8세 역시 고딕 스타일의 자수를 한 복식을 하였다.

16세기 중반 스페인 스타일이 전 유럽에 강한 영향을 주었다. 스페인의 금욕적인 가톨릭 정신과 관련된 형식성, 엄격성, 경지성 등이 외관에 표현되는데 스커트가 뻗치고 인위적으로 확대되고, 가슴 선을 무시한 역삼각형 모양으로 코르셋으로 허리를 가늘게 하고 인위적으로 인체를 변형시키는 전환기를 맞게 된다.

16세기 영국의 엘리자베스 여왕은 당시 강력한 지도자로 타원형의 부채 모양을 한 거창한 러프 칼라(Ruff collar)를 사용하였으며, 하의는 둥근 드럼형으로 된 파딩게일(wheel farthingale)을 스커트 안에 착용하였다. 러프 칼라는 이탈리아에서 시작하여 프랑스, 영국, 스페인 등으로 전파되었던 것으로 1560년 압도적으로 성행하였다. 러프는 귀족의 특권을 상징하는 것으로 어떠한 격렬한 일도 하지 않아도 된다는 것을 나타냈다. 영국은 나비형을 선호하였다. 엘리자베스 여왕은 머리를 붉게 염색하는 유행을 창안하였으며, 여왕과 마찬가지로 많은 여성은 인조 모발을 이용하였다. 여왕은 말년에는 가발을 사용하였다. 여러 가지 색의 가발을 사용되었는데 당시 엘리자베스(Elizabeth) 여왕은 80개의 가발을 가지고 있었다고 한다.

■ 이탈리아 르네상스

■ 스페인 르네상스

■ 영국 르네상스

8. 바로크 시대(17세기)

이 시대는 기독교의 지배에서 벗어나 마침내 교황보다 왕의 힘이 더 커진 절대 왕정의 시대였다. 프랑스의 왕 루이 14세가 '짐이 곧 국가다'라고 말한 시대가 바로 바로크 시대로 왕은 강력한 힘을 나타내기 위하여 웅장하고 큰 궁전을 만들고 화려하게 치장한 옷을 입었다. 바로크(Baroque)는 '일그러진 진주'를 뜻하는 말로 16세기 르네상스의 고전적인 균형미에 비하여 17세기 열정적이고 자유로운 정신이 분출한 기묘하고 불규칙적인 조형 및 미묘한 이미지가 강화되어 붙여진 이름이다. 바로크 예술은 움직임이 있는 격정적인 미의 이상을 추구하였다. 바로크 양식은 다양한 색과 곡선을 많이 사용하여 여성스럽고 장식적인 것이 특징이다.

이러한 경향은 복식에서 16세기보다 더 실루엣이 확대되거나 러플이나 프릴 등의 과도한 장식으로 나타났다.

17세기 전반은 동양과 무역을 선도했던 네덜란드가 세계 상업의 중심지로 유럽 지역에서 주도권을 장악하였다. 네덜란드의 패션은 새바람을 일으켰으며, 실용성과 검소한 시민정신과 프로테스탄트(Protestant) 생활신조에 부합하는 모습이었다. 거추장스럽고 화려한 귀족풍보다는 활동하기 편하고 실용적인 옷을 착용하였다. 왕족과 귀족들도 편한 복식을 착용함으로써 중요한 전환점을 마련하게 되었다.

여성복은 스페인 스타일의 옷으로 전체적으로 색상도 수수하고, 파팅게일을 스커트 아래 입지 않아 자연스러운 실루엣이 되었다. 대신 엉덩이를 부풀리거나 빳빳한 속치마를 겹겹이 입었다. 그러나 러프는 아직도 존재하였고 점점 더 커져서 정교한 주름을 잡아 수레바퀴 모양으로 만들었다. 젊은 여성들은 러프보다는 숄칼라(shawl collar)를 좋아하였다. 러프가 사라진 후 데콜테는 더욱 깊게 파였는데 미혼 여성들은 깊게 파인 데콜테를 선호하였으며 얇은 천으로 가리기도 하였다.

이 당시의 헤어스타일은 대체로 머리꼭대기에서 다소 납작하게 얹었고, 양옆은 굵은 컬로 곱슬거리게 하였다. 여자들은 일반적으로 모자를 쓰지 않았으나 밖에 나갈 때는 작은 검은색 태피로로 된 후드를 쓰거나 간단한 레이스 피슈(fichu, 목이나 어깨, 머리 등에 두르는 삼각형 천)를 착용했다.

17세기 후반에는 프랑스가 유럽의 중심이 되었고 프랑스 궁전의 화려한 스타일이 유럽 패션에 영향을 미쳤는데 이는 바로크 스타일이라고 하기보다는 로코코풍의 전조라고 해야 할 것 같다. 이 시대는 태양왕으로 불리던 루이 14세의 친정 시대(1661~1715)로 예술 문화의 강화에 따른 프랑스의 수공업이 주도권을 잡았던 때이기도 하다. 귀족들은 자신의 신분을 드러내고자 장신구, 공예품, 가구 등을 화려하게 장식하였다. 복식은 더욱 화려해졌고 체형을 조절하여 허리를 가늘게 하였다. 비교적 슬림한 실루엣을 리본, 레이스, 보석, 자수, 프릴, 아플리케 등으로 우아하게 장식하였다. 이 시대의 특징은 얼굴에 애교점을 붙이는 것이었다. 검은색 점을 얼굴에 붙였는데 사람들은 온갖 모양의 애교점을 만들어 얼굴을 온통 채우기도 했다. 모양은 별, 초승달, 마차나 말 등의 모양이었다. 이 패션은 50년 이상 지속되었다.

여성들의 대표적인 머리 모양은 '퐁탕주(fontangge)' 형으로 이는 루이 14세의 총애를 받던 애인의 이름을 딴 것으로 사냥 중에 머리가 헝클어진 것을 발견하고 가터 하나를 써서 머리를 묶은 것을 말하는데, 국왕이 찬사를 보내자 그 모드가 시발되었다고 한다. 다음날 귀부인들은 머리를 리본으로 묶고 앞쪽에 매듭을 지어 나타났다. 단순한 리본 매듭이 레이스가 덧붙여지고 레이스 캡이 첨가되었으며 와이어 프레임의 구조물을 더하여 점점 높아져 갔다. 영국에서는 타워(tower)로도 알려졌다. 2~3층 높이의 와이어 프레임으로 머리에 꼭 맞았고, 티파니(tiffany) 같은 얇은 실크로 덮음으로써 완전히 머리 장식으로 완성되었다. 이 스타일은 루이 14세가 1699년 싫증이 나서 불만을 표했는데 샌드위치라는 영국 여성이 '자그마한 머리 장식'을 하고 궁정에 등장하자 그것이 모드를 바꾸었다.

바로크 시대는 성숙한 여성이 미의 기준이 되어 '포동포동한 여인'이 우위를 점했다. 여성의 머리 모양도 머릿속에 가발을 넣고 높이 빗은 후 보석과 진주로 장식된 핀을 꽂았으며 향수를 뿌리고 좋아하는 색깔을 머리 분을 발랐다.

9. 로코코 시대(18세기)

루이 15세와 루이 16세 치하에는 프랑스 귀족들은 베르사이유 궁전을 나와 살롱으로 모여들었고 이곳에서 로코코 양식이 시작되었다. 로코코 양식은 여성복 중심으로 전개되었는데 살롱으로 무대를 옮기면서 대단히 우아한 스타일로 발전하였고, 당시 소수의 사람들과 교제를 추구하는 살롱 문화의 유행과 맞물려 밝고 화려하며 세련된 귀족 문화를 가리키는 것이 되었다. 의복은 여유가 넘쳐나던 초기 모드가 단정해지고, '잘 정돈된' 전반적인 인상은 엄숙함, 위엄, 신중함을 보여 주는 스타일로 만들어졌다.

로코코(Rococo)라는 말은 로카일(rocaille)이라는 조개껍데기의 세공에서 나온 명칭으로 곡선적인 스타일을 가르켜 이름을 붙였다. 18세기 전반부터 로코코 스타일은 전 유럽에 퍼져 나갔고 직물의 문양이나 복식에도 적용되었다.

그러나 18세기 후반에 계몽주의 사상이 사람들의 사고방식을 변화시켜 의·식·주 및 문화와 미술 전반에 영향을 미쳤고, 1780년대부터 전원 취미와 고전 취미가 생겨나고, 영국의 간소한 스타일이 유입됨에 따라 로코코 스타일이 변화되어 가는데, 결정적인 변화 요인은 1789년의 프랑스 혁명이었다.

이 시대의 대표적인 패션 리더는 퐁파두르 부인과 마리 앙투아네트였다.

초반에는 작은 머리 모양의 시뇽 헤어스타일이었지만 이후 로코코 시대의 대표적인 헤어스타일인 부풀린 헤어스타일로 변화하였다. 1760년대에 부풀기 시작하였는데 머리 모양을 1야드 높이 세우고 속을 작은 쿠션을 넣어 높게 만들었다. 그 위에는 레이스나 리본 이외에도 꽃이나 인형, 돛을 단 배, 농장의 동물들이 무리지어 있는 풍차, 생화나 조화로 꾸민 정원 같은 환상적인 오브제 등을 올렸다. 쿠션은 짧은 섬유 조각, 양털, 말총으로 속을 채웠는데 이것이 두통을 유발했기에 후에는 철사로 틀을 만들고 그 위에 천연 모발을 드리우고 인조 모발을 덧붙였다. 머리를 심하게 부풀려 얼굴이 몸의 정중앙에 있는 것처럼 보여 졌고 무거운 머리를 주체하지 못해 비틀대기도 하였다.

위에 장식물을 얹지 않으면 모자를 썼다. 모자는 1770년대 초반에는 약간 작았으나 점차 커져 갔다. 머리 전체에는 포마드를 많이 발라 하얀 파우더로 뒤덮었다. 이러한 구조물은 몇 달 동안 유지되었기에 해충의 온상지가 되었으며, 가려움을 견디기 어려웠고, 머리를 긁는 효자손이 등장하였다.

또한, 에티켓으로 남, 여, 어린이 모두 갖가지 색의 밀가루를 과도하게 머리에 뿌렸다. 가장 많이 사용된 색은 흰색이었으며, 로코코 시대의 방종함과 절도 없음은 밀가루 사용량에서도 잘 나타나 한해 밀가루 소요량이 900톤이나 되었다. 1780년이 되자 머리 가루를 사용하는 자는 국민의 식량난을 무시하는 적이라는 낙인이 찍혀 사용하지 않게 되었다.

10. 고전주의 시대(18세기 말~19세기 초반)

1789년 왕실과 귀족의 사치가 극에 달하면서 프랑스에서 시민혁명이 일어났다. 시민들은 '자유', '평등', '박애'를 외치며 인권 존중과 평등사상을 부르짖었다.

1799년 나폴레옹이 혁명을 일으켜 나폴레옹 1세로 선언하고 제1제정이 성립되었다. 큰 정치적인 변혁 속에서 복식과 헤어스타일은 많은 변화를 겪게 된다.

이 무렵 고전주의 예술 양식이 나타났는데 이는 옛사람들의 지혜를 찾고자 하는 것으로 또다시 고대 그리스와 로마에 관심을 갖게 된 것이다. 19세기 초에는 프랑스 혁명의 영향으로 18세기의 화려했던 궁중 복식에서 벗어나 코르셋이 없는 단순한 형태인 그리스의 아름다움을 추구하는 신고전주의(Neo-Classicism) 양식의 엠파이어 스타일(Empire Style)이 등장하였다. 이는 인체의 자연스러운 아름다움을 부각하는 자연스러운 에로티시즘을 강조하는 복식이었다.

헤어스타일은 짧게 자르거나, 자연스러운 웨이브의 머리카락을 그리스-로마 시대의 헤어스타일과 흡사하게 자연스럽게 늘어뜨리거나 끈으로 묶는 등 최소화되었다. 여기에 리본이나 꽃, 관으로 장식하기도 하였다.

1822년 여성복은 다시 허리선이 원래 자리로 내려오고 코르셋이 다시 등장하였다. 허리선은 더욱 타이트해졌으며 어린 소녀들도 코르셋을 착용하였다. 스커트는 넓어지고 소매통은 부풀려졌다. 모자도 캡은 커졌고 터번은 극도로 넓어졌는데 더 이상 터번처럼 보이지 않고 진짜 모자처럼 되었다. 진짜 모자는 테가 더욱 넓었고 보통 밀짚으로 만들었지만, 실크나 새틴으로 만들기도 하였고 여러 가지 꽃, 리본, 깃털로 장식했다.

머리는 더욱 정교하게 만들었는데 이마는 컬로 덮어 내리고, 뒤에는 시뇽을 했다. 저녁 시간에는 인조 머리를 붙이기도 했는데 이는 아폴로 매듭(Apollo knot)이라고 알려져 있는 것으로, 정수리 부분에 고정하여 꽃, 깃털, 빗 등으로 장식했다. 장식은 보석을 붙인 귀갑 형태였다. 또한, 머리에 붙이는 것으로 '스위스 머리핀'이 있었다. 탈착식의 금속성 헤드가 붙은 모자용 핀으로 스위스 전원 의상에서 유래한 것으로 보인다. 가발도 많이 사용되었으며 머리에는 염색을 하고 여러 가지 색깔의 머리 분도 발랐다. 흐린 핑크와 회색, 청색, 보라색 등도 사용하였다.

1818년 외과 의사 쟈크 테나르(Jacques Thenard)가 과산화수소가 탈색 작용이 있다는 것을 발표하였다.

11. 낭만주의 시대(19세기 초반~19세기 중반)

1820년대부터 1848년까지 왕정 시대의 스타일을 낭만주의 스타일(Romantic Style)이라고 한다. 나폴레옹이 추방되고 지배 계급들은 다시 화려했던 부귀영화를 동경하였으며 과거 16세기 르네상스의 생동감 넘치고 자유분방한 스타일을 동경하여 표방하였다.

낭만주의 사조는 음악과 시문학에서 혁명적인 정치와는 대조되는 이상적인 판타지를 추구하는 문학 사조로, 패션에서도 낭만적인 이상을 표현하였다.

복식에서는 몸을 꽉 조이고 옷을 부풀리는 스타일이 유행하였다. 어깨와 소매 윗부분을 강조하고 허리를 개미처럼 가늘게 조이고, 치마 속에는 여러 겹의 패트코트를 입어 종처럼 둥글게 하여 X자형 스타일을 만들었다. 이 스타일을 강조하고자 어깨선을 확대한 드롭 숄더에는 다양한 소매 스타일이 나오게 되었다.

머리 장식은 가장 눈에 띄는 변화가 있었는데 이는 목 아래서 꼭 묶은 것은 모자가 아니고 보닛이었고, 석탄통 모양으로 머리에 꼭 맞게 착용되어 극도로 정숙한 느낌을 주었다. 정교한 머리 장식은 없어졌지만 얼굴을 에워싼 곱슬거리는 컬은 그대로였다. 특히 모자 양옆을 붙이고 턱밑에서 리본으로 묶는 비비(vivi)라는 모자가 인기였다.

1840년대는 상당한 혁신과 격변의 시대였으나 여성은 수수함과 고상함이 가장 숭배된 덕목으로 '고통을 참고 인내하는 것'이 패셔너블한 것이었다. '흥미를 끄는 창백함'이 숭배되었다. 도시 근교에서 살게 된 부유한 사업가들은 아내에게 정조를 지키는 것과 아무런 일도 하지 않을 것을 요구했다. 여성은 어떠한 일을 하는 것도 멸시받았으며, 이를 반영하듯 의복은 상당히 구속이 심한 종류의 것들이었다. 얌전한 채하는 것이 극도로 성행하였다.

영국에서 빅토리아 여왕이 왕위에 오르자 그리스풍의 둥글게 말아 자연스럽게 어깨 쪽으로 내려뜨리는 머리 모양이 유행하였다. 이 머리 모양은 다른 나라에도 영향으로 주어 가운데 가르마를 하고 귀를 덮고 목덜미 쪽으로 점차 낮아지는 영국풍의 머리 모양을 하였다.

12. 크리놀린 시대/버슬 시대(19세기 중반, 19세기 말)

산업혁명 이후 영국 경제는 눈부시게 발전하였고 번영의 1850년대가 왔다. 1851년 영국에서 대박람회가 열려 새로운 기술을 선보였을 뿐만 아니라 세계 평화와 인류애의 시대가 열리려 한다는 희망을 주었다. 엄청난 양의 공산품이 쏟아져 나오고 무역과 상업은 번성하고 있었다. 영국의 힘이 커지면서 영국의 의복은 다른 나라에 영향을 주었다.

화려했던 로코코 스타일이 다시 등장하였고 유제니 왕비는 프랑스 궁전을 다시 화려한 사교의 장으로 만들었다. 유제니 왕비의 옷과 장식은 화려하고 아름다웠다. 1860년대를 절정으로 전개한 스타일을 크리놀린(crinoline)이라고 한다. 당시의 크리놀린은 크기가 많이 커서 옷을 착용하는 것도 어렵고 문을 통과하기도 어려웠다. 여성들의 활동이 불편하였으며 사치스럽다는 이유로 사회의 비판적 사고도 있었다. 원래 크리놀린은 유제니 왕비와 영국 빅토리아 왕비의 임신한 배를 가리기 위해 만들어진 속옷이었다고 한다. 그러나 그 뒤로 많은 여성에게 유행하였다.

헤어스타일은 웨이브 머리를 자그마하고 아담하게 한 스타일로 모자는 보닛(bonnet)의 챙이 작아지면서 거의 챙이 없는 캡 형태의 모자도 등장하였다. 전체적으로 크기를 작게 하여 커다란 크리놀린과 대조를 이루었다. 여자들은 유제니 왕비의 붉은 갈색머리처럼 만들기 위해 염색제와 탈색제를 사용하였다.

1860년 나폴레옹의 애인 코라 펄(Cora Pearl)이 과산화수소를 이용해 탈색을 하였다. 1863년 화장품 회사인 프랑스의 모네사(社)가 백색 염모 물질인 파라-페닐렌디아민(Para-Phenylendiamine)을 발견해 1883년 염모제로 사용 허가를 받았다. 이 염모제는 자연스러운 모발 색을 만들었다.

버슬 시대는 1870년대부터 1914년 제1차 세계 대전이 일어나기 전까지의 시대로 평온하였던 시대였다. 1870년대는 산업의 발전이 비약적으로 이루어졌으며 산업의 발달로 여성들도 직업을 갖게 되었다

여성들의 생활이 변화하면서 거추장스러운 크리놀린은 사라지고 엉덩이를 강조하는 버슬 스타일(Bustle Style)이 유행하였다. 이는 앞부분이 납작하고 뒷부분이 강조된 스타일로 목 부분은 많이 올라오는 스탠딩 칼라였고 노출이 적어졌다.

버슬 스타일은 목에서 바디스, 소매, 치마에 이르기까지 몸에 달라붙는 좁고 긴 실루엣을 이루고 있었다.

이 시대의 헤어스타일은 머리를 뒤로 빗어 넘겨 약간 위로 부풀려 길게 보이는 형태가 유행하였는데, 이는 퐁파두르(pompadour) 스타일이라고 불렀다. 머리는 길게 땋거나 컬을 크게 넣어 큼지막한 시뇽을 만들었다. 이 모양을 만들기 위해서는 많은 머리카락이 필요했고 그 결과 엄청난 양의 머리카락을 수입하여 '스캘패트(scalpettes)'나 '프리제트(frizzettes)'를 만들었다. 옆에서 보면 뒷머리 모양은 스커트를 복사해 놓은 것 같았다.

모자의 형태도 챙이 작고 꽃과 깃털 등으로 위로 높게 장식하여 전체적으로 좁고 위로 긴 헤어스타일로 만들었다. 모자를 쓴 여자들은 남자보다 키가 커 보였기에 많은 여자는 자신감을 느꼈다고 한다.

1909년 유젠 슈엘러가 최초로 현대적 염모제를 개발하였고 화장품 회사 로레알이 설립되었다. 또한, 같은 해에 모발 염색 학교를 설립하였다.

■ 크리놀린 시대

■ 버슬 시대

13. 20세기 전반

● 1910년대는 빅토리아 시대의 헤어스타일에서 볼륨이 강조된 내추럴한 스타일이 유행하였다. 애블릿 네스빗과 같은 여성들은 머리 위쪽으로 머리를 올려 풍성하게 연출하였다. 아래쪽으로 머리카락을 내려 방울이나 리본으로 장식하였다. 가발을 이용하여 더욱 풍성한 연출을 하기도 하였다.

●1920년대~1930년대는 여성의 참정권 운동이 나타났다. 메이크업을 하고 스커트가 짧아지고 자유로운 생활을 하게 되었다. 헤어스타일도 짧은 커트 스타일이 유행하였으며 모자, 보석으로 장식된 핀, 리본, 머리띠로 장식했다. 영화배우들의 스타일을 모방하였다. 플레퍼 스타일의 대표적인 여성은 코코 샤넬과 그레타 가르보, 루이스 브룩스였다. 유행 헤어스타일은 건조 열기계를 이용한 시간이 많이 소요되며 비용이 많이 드는 방법이었다.

1930년대는 대공황 시대로 여성의 사회 진출이 축소되면서 페이지보이, 봅슬레이, 곱슬머리 등에서 긴머리의 여성스러운 스타일이 유행하였다. 여성들은 주로 집에서 쉽게 할 수 있는 부드러운 컬의 긴 웨이브 헤어스타일을 하였다. 대표적 배우로는 장 할로우, 비비안리, 매 웨스트 등이 있다.

●1940년대 여성들의 헤어스타일은 부드러운 로맨틱 컬과 볼륨감 있는 하프 업스타일형이 유행하였다. 제1차 세계 대전이 발발하면서 여성들은 간단한 시뇽 업스타일을 많이 하였고 스카프를 하거나 심플한 모자를 착용하였다.

●1950년대는 전쟁이 종식되면서 1940년대의 부드러운 컬을 좀 더 극적으로 연출한 화려한 헤어스타일이 유행하였다. 집안일을 할 때에도 세련된 차림으로 잘 손질된 모습을 하고 있는 것을 선호하였다. 유행 헤어스타일은 컬이 강조된 벨벳 컬에 앞머리를 큰 S 모양으로 만든 형태였다. 또한, 커다란 헤어스타일도 유행하여 볼륨을 강조하기 위해 핀과 헤어스프레이를 사용하였고, 매주 세팅을 위해 헤어 살롱을 방문하였다. 당시 스타일 리더는 마릴린 먼로, 오드리 헵번, 루시 볼이었다.

●1960년대는 여성의 사회 진출이 다시 활발해진 시대로 헤어스타일은 신속하게 연출할 수 있는 앞머리 부분에 볼륨이 있고 뒤로 빗질된 긴머리 스타일이었다. 재키 케네디가 등장하면서 스타일 아이콘이 되었고, 그녀의 단발 헤어스타일을 모방하였다. 60년대 중반 히피 문화가 등장하면서 볼륨감 있고 웨이브 있는 헤어스타일은 매끄러운 스트레이트의 긴머리 스타일로 유행이 변화되었다. 긴머리는 꽃과 리본으로 장식하거나 포니테일로 정리하였다. 또한, 아프리카계 미국인의 시민권 운동으로 아프로 헤어스타일도 유행되었다. 안젤라 데이비스, 팸 그리어, 슈프림스 등이 아프로 헤어스타일의 선구자로 볼 수 있다.

● 1970년대 초반에는 가운데 가르마의 긴머리 스타일이 유행하였다. 디스코가 유행하면서 볼륨 있는 컬이 다시 유행하였으며 펑크 문화가 나타나면서 뾰족한 머리, 형광 모발색, 문신 등이 유행되었다.

● 1980년대는 큰 곱슬머리와 앞머리를 높이 세운 스타일이 유행하였다. 헤어 컬러도 과감한 컬러가 시도되었으며 대담한 헤어스타일들이 나타났다. MTV가 출범하면서 가수와 영화배우에 대한 대중들의 관심이 높아졌다. 마돈나의 레이스, 오버사이즈 헤어스타일, 신디 로퍼와 사라 제시카 파커, 블랭크와 같은 유명 인사들은 파격적인 패션 시도를 하였고 많은 여성에게 영감을 주었다. 직장 여성들은 잘 손질된 정장과 간결한 커트의 헤어스타일을 선호하였다.

● 1990년대는 영화와 TV, 인터넷을 통해 유명 인사와의 접근성이 높아짐에 따라 다양한 외국의 스타일도 바로 유행되었다. 대표적으로 '프렌즈' 제니퍼 애니스톤 스타일로 긴머리의 하이라이트가 있는 자연스러운 C컬의 헤어스타일은 큰 유행을 하게 되었다. 또한, '프랜치 키스'의 맥라이언 스타일도 유행하였다. 이 스타일은 금발의 바깥쪽으로 컬이 있는 층이 있는 커트였다.

● 20세기는 인류 역사상 과학과 기술이 가장 급속도로 발달했던 시기였으며 중산 계급이 대두되었고 자동차와 비행기, 전화와 활동사진이 실용화되었다. 1934년 진 할로우(Jean Harlow)의 백금색 머리가 유행하여 많은 여성이 탈색을 하고 옅은 머리색을 선호하였으며 염색의 시대가 열리게 되었다. 1960년대에는 모발이 더 장식적이 되어 염색과 탈색의 기술이 점차 증진되었고, 공개적으로 할 수 있게 되었으며 미묘한 색상도 나타낼 수 있게 되었다. 염색은 더 이상 몰래 하는 것이 아니었으며 패션의 또 다른 면이 되었다. 1980년대에는 포스트모더니즘에 의해 고정적 사고가 해체되고 다양한 그룹이 부각되었다. 헤어 컬러도 다양한 색으로 염색을 많이 하였으며, 펑크 헤어스타일에서는 갖가지 색으로 염색을 하였다. 1990년대에는 금발과 대담한 핑크가 유행하였으며 모발색이 중요시됨에 따라 강한 붉은색과 따뜻한 밤색이 유행하였다.

14. 21세기 후반 이후

21세기는 이전의 모든 스타일이 혼합된 헤어스타일을 볼 수 있다. 21세기 초반에는 복고 무드로 80년대 스타일이 유행하였고 현재에 이르러서는 자신의 웰빙과 슬로우 라이프, 지속 가능한 삶에 대한 관심이 증폭되고 스마트폰을 이용한 정보 교류가 활발히 이루어졌다. 천재지변과 신종 질병으로 인한 공포가 확산되었다. 우리나라의 K-pop이 세계적으로 퍼져나가고 아이돌의 패션과 사회 영향력이 커졌다. 2012년 싸이의 '강남 스타일'은 전 세계적으로 인기를 얻게 되었다. 경제적으로는 불경기로 악화되었으나 건강과 웰빙에 대한 관심은 커졌고 자연과 환경 문제에 대하여 더욱 관심을 가지고 참여하게 되었다. 헤어 컬러도 아이돌 문화의 영향으로 다양한 헤어 컬러가 나타났으며 새로운 조합으로 컬러를 디자인하는 것에 관심이 커졌다. 환경 문제에 대한 인식으로 환경을 고려한 헤어 제품의 필요성이 대두되었다.

PART 03

HAIR COLORING

업스타일 디자인 요소

1. 형태

1) 점

점은 디자인을 구성하는 최소한의 요소이다. 본질적으로는 면적을 가지지 않는다. 점은 그 수나 배치, 형태 등에 따라 다른 느낌을 끌어낼 수 있다. 일반적으로 점은 작은 물체이기 때문에 위치나 배치 수를 조절하여 사용한다. 또한, 업스타일에서는 상하좌우의 위치 크기에 따라 여러 변화를 줄 수 있으며 무게감과 깊이, 질서와 무질서, 원근 등을 표현할 수 있다.

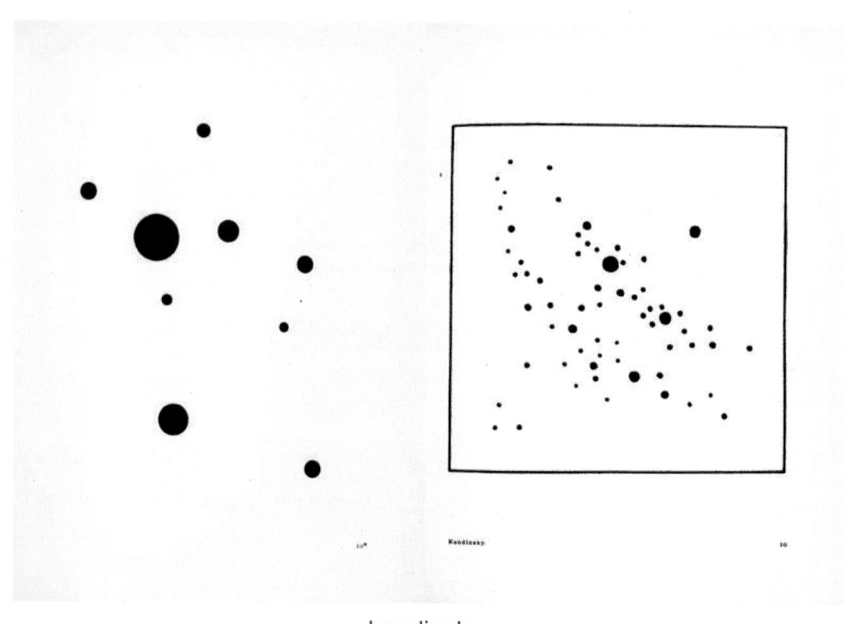

kandinsky

2) 선

선은 점이 방향성을 가지고 움직인 결과이다. 무수히 많은 점이 모여 선을 이룬다. 디자인적으로는 넓이와 두께가 있는 긴 면을 의미한다. 선은 사물이나 이미지를 형상화시키는 수단으로 활용된다. 디자이너는 선을 이용하여 다양한 느낌을 만들 수 있는데 딱딱함과 유연함, 긴장과 흐트러짐, 안정과 불안정 등을 적절하게 표현할 수 있다. 직선, 곡선, 자유곡선과 같은 여러 선의 형태를 이용하여 업스타일에서 다양한 연출을 만들 수 있다. 또한, 선의 개수와 교차 등을 이용하여 자유로운 표현을 만들 수 있다.

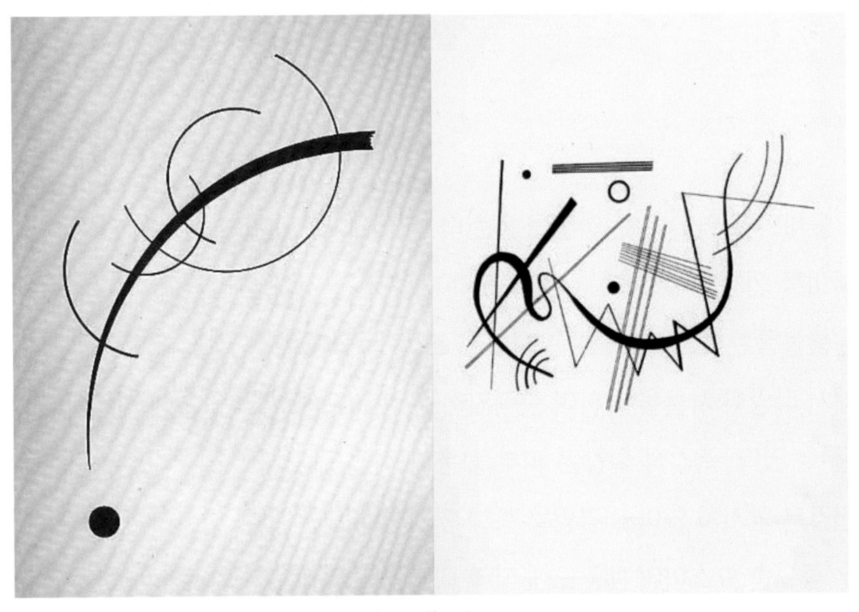

kandinsky

3) 면

면은 2차원적 영역에서 길이와 넓이를 가지고 있는 것이며 선이 한 방향으로 움직여서 만들어진 면적이라고 할 수 있다. 2차원적 면은 A4용지와 같은 것이라고 연상하면 되고 3차원적 면은 박스와 같이 형상을 에워싸는 것이며 질감과 부피를 포함하고 있다. 3차원적 면은 거칠다, 매끄럽다와 같은 이미지가 만들어지고 색채도 전달된다. 업스타일에서도 면은 전체 형태를 만드는데 기본이 되는 매우 중요한 요소이며 면적의 넓이와 공간의 형성, 외곽선의 형태로 각기 다른 분위기를 연출할 수 있다.

Kazimir–Malevici

2. 질감

질감은 물체의 표면이 주는 성질을 말한다. 재질 자체, 표면의 입자의 크기, 시각적 표현 등으로 차이를 인식할 수 있다. 질감은 모래처럼 거친 것과 유리처럼 매끄러운 것, 나무껍질처럼 울퉁불퉁한 것, 금속이 주는 차가운 느낌 등 다양한 전달될 수 있다. 질감은 사람의 경험 속에서 다양한 사물을 접하며 축적되어 온 이미지의 기억을 통해 전달하고자 하는 느낌을 만들 수 있다. 촉각적 질감은 피부를 통해 직접 만져서 느낄 수 있는 감촉을 말하고, 시각적 질감은 만지지 않아도 경험을 통해 인지하게 되는 것을 말한다. 업스타일에서도 질감은 매우 중요한 요소이며 매끈도에 따라 디자인의 완성도가 다르게 보이기도 한다. 구성에 따라 매끄러움과 거친 질감을 부분적으로 사용할 수 있다. 표현하고자 하는 이미지가 고급스러움인지 자연스러움인지 액티브함인지에 따라 차용하여 이미지를 연출한다.

3. 색상

색은 단순히 색의 느낌뿐만이 아니라 기분, 감정, 특정한 이미지의 연상, 지역 풍습 등 다양한 이미지를 느끼게 한다. 21세기는 색채의 시대라고도 불릴 수 있을 만큼 우리의 주변은 색으로 가득 차 있다. 디자이너에게 색을 잘 다루는 것은 보여 주고자 하는 이미지를 효과적으로 표현하게 한다. 우리는 미세한 색감의 차이를 체득하여 여러 디자인에 적용하는 것이 필요하다. 헤어 업스타일에서도 의도한 디자인을 더욱 돋보이게 하고자 색을 활용하는 능력이 요구된다.

Paul Klee

Kazimir–Malevici

1) 빛과 색

색은 물리적으로 파장이 380~780nm인 가시광선을 말하며 우리 눈이 받아들이는 지각 중 하나이다. 색은 빛에 의해 나타나고 빛을 통해서만 인간에게 감지되어 색을 볼 수 있다. 즉 물체의 색이 망막에 지각됨과 동시에 생겨나는 느낌이나 연상 등을 경험하는 것이다.

2) 색의 삼요소

인간이 구별할 수 있는 색은 약 200만 가지라고 한다. 많은 색의 차이를 구분하기 위해 사용하는 기준은 색상(Hue)과 명도(Value), 채도(Saturation)이다. 색상은 빨강, 파랑, 노랑, 주황 등과 같이 여러 색의 차이를 말한다. 명도는 색의 밝고 어두운 정도를 말하는 것으로 가장 어두운 순수한 검정을 0으로 보고 순수한 흰색을 10으로 보며 사이를 9계 단계로 나누어 총 11계의 단계로 구분된다. 검정부터 희색의 단계에는 색상을 느낄 수 없기 때문에 무채색이라고 한다. 반면 색상을 가지고 있는 것은 유채색이라고 한다. 채도는 색상의 선명도를 말한다. 즉 색의 맑고 탁한 정도를 구분한다. 미국의 색채 교육자인 알버트 먼셀(Albert Henry Munsell, 1858~1918)이 만든 멘셀 색체계(1905년)는 국제표준화기구에 등록된 대표적 색채계이다. 먼셀 색상환은 도식화되어 있어 단순하므로 색을 읽기 쉬운 장점이 있다. 각 속성이 모두 십진수를 채용하고 수를 표기함으로써 무한히 세분화될 수 있다.

3) 색채 심리

우리가 색을 본다는 것은 눈으로 색을 인지하고 해석한다는 의미를 포함한다. 환경과 색을 보는 사람의 기억, 문화적 배경 등 여러 경험들이 이미지를 연상하게 한다. 디자인 작업을 할 때 색채는 중요하게 작용한다.

일반적인 색에 대한 연상과 상징성

색상	연상	상징성
빨강(Red)	태양, 피, 저녁노을, 불, 장미, 소방차	활력, 자신감, 젊음, 정열, 애정, 쾌락, 분노, 위험, 불안, 공격성, 위험, 금지
주황(Orange)	가을, 감, 귤, 석양, 당근	희열, 기쁨, 행복, 풍부, 낙천, 명랑, 경박, 비현실적, 산만
노랑(Yellow)	개나리, 봄, 바나나, 해바라기, 황금, 어린아이, 표지판, 꿀	순수, 쾌활, 호기심, 희망, 신경질, 팽창, 유아적, 질투, 경박, 속임수, 경멸, 광기, 배신, 초조
연두 (Yellow Green)	초원, 봄, 새싹, 완두콩, 어린이	편안함, 신선, 휴식, 산뜻함, 화사함, 젊음, 고요
초록(Green)	여름, 보리밭, 자연	평화, 이성적, 희망, 고요, 건강, 성공, 공상, 보수적, 지루함
청록 (Blue Green)	호수, 깊은 바다, 가을, 터키석	냉정, 싸늘, 질투, 죄
파랑(Blue)	물, 하늘, 얼음, 경찰서	이성적, 신뢰, 고요, 평화, 서늘, 냉정, 우울, 공허, 비애, 추위

남색 (Purple Blue)	깊은 계곡, 나팔꽃, 포도, 심해, 진청바지	냉정, 신뢰, 헌신, 권위, 영원, 중독, 차가움, 침체
보라(Purple)	포도, 가지, 라벤더, 히야신스	신비, 숭고, 고귀, 예술, 세련됨, 품위, 불안함, 여성적, 외로움, 슬픔, 허세, 자만, 포기
자주 (Red Purple)	자두, 팥, 왕, 포도주, 고구마, 수국	애정, 관능, 창조, 정의, 권력
흰색(White)	웨딩드레스, 의사, 종이, 눈, 백합, 백조	순수, 청결, 순결, 시작, 청결, 신성, 밝음, 빛, 차가움, 결백, 희생, 냉정
회색(Grey)	노인, 그림자, 도시, 아스팔트, 먹구름,	중용, 침착, 중립, 겸손, 비애, 조용함, 세련됨, 무기력, 침울
검정(Black)	밤, 숯, 까마귀, 머리카락, 마녀, 졸업	권위, 세련됨, 엄격, 우아함, 비판, 절제, 침묵, 죽음, 음산, 두려움, 슬픔, 악, 부정적, 폐쇄적, 보수적, 죽음

CHAPTER 02

실습편

HAIR COLORING

업스타일 기초 실기

1. 업스타일 도구 및 제품

1) 빗

① 꼬리빗

섹셔닝하는 것에 용이하며, 백콤잉하여 볼륨을 만들 때 사용한다. 또한, 정교하게 빗질하여 모발을 정리할 때 사용한다. 크기 및 길이, 꼬리 부분의 재질, 빗살 앞부분의 간격 등에 다름이 있으므로 본인이 사용하기 용이한 꼬리빗을 사용하는 것이 좋다. 세척은 미온수에 5분 정도 두어 세척한다.

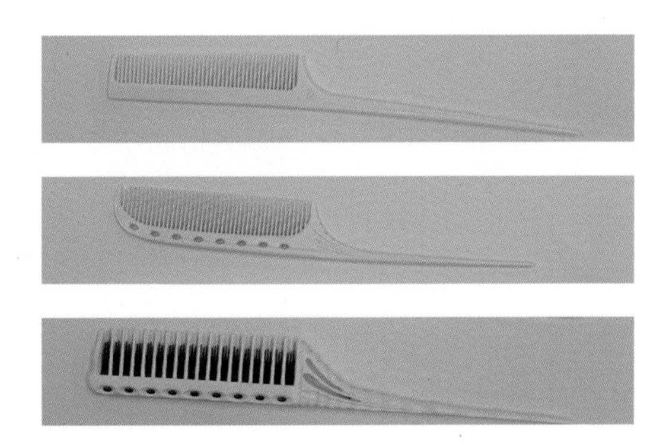

② 돈모빗

돈모빗으로 백콤잉을 할 수도 있으며, 보통은 백콤을 한 후 모발을 정리하듯 빗질하여 매끈하게 할 때 사용한다. 힘을 많이 주고 빗으면 백콤이 풀리기 때문에 디자인에 맞게 힘 조절을 하며 빗질한다.

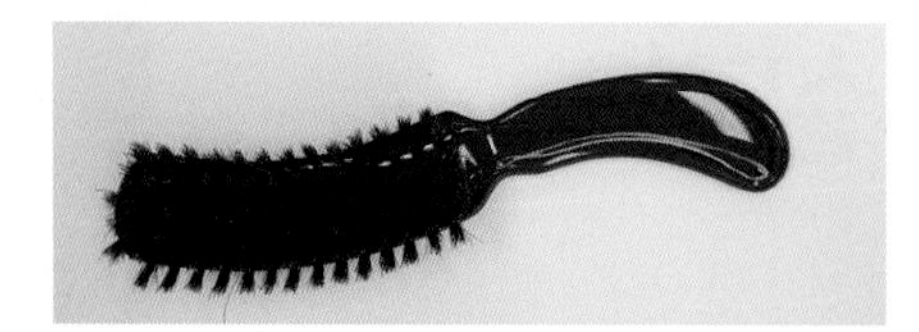
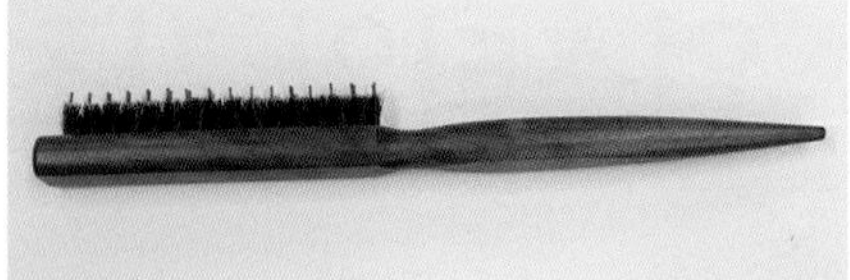

③ 콤빗

업스타일의 마무리 단계에서 사용하는 빗으로 섬세한 모양을 만들 때 용이하다. 볼륨을 주고자 하는 부분이나 모발 끝부분을 정리할 때 사용한다. 작품빗, 오발빗으로도 명명한다.

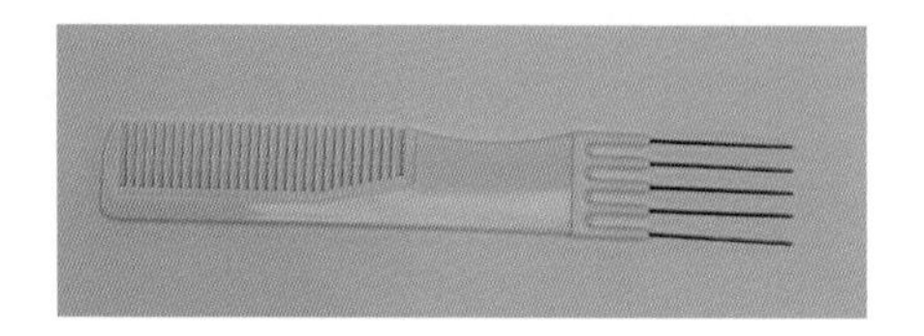

2) 핀셋의 종류와 특징

① 핀셋

브로킹을 나눌 때 주로 사용하며 매끄럽고 커다란 형태를 임시로 고정할 때도 사용한다.

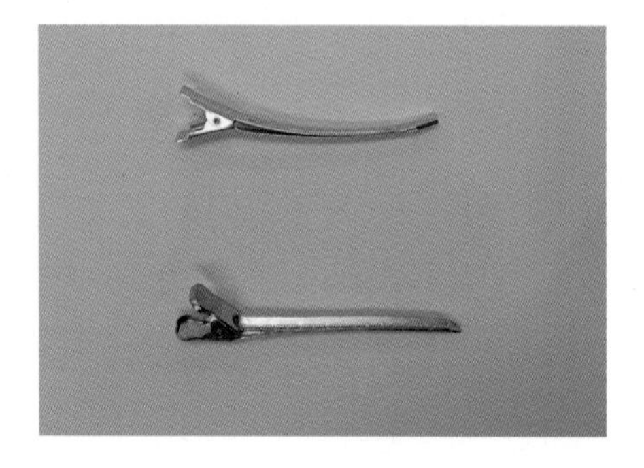

② 핀컬핀

여러 형태를 유지하며 고정하고자 할 때 임시적으로 사용한다. 집게 모양의 핀셋으로 핀보다 모발의 형태를 망가지지 않게 고정하기 용이하다. 색이 있는 핀셋의 경우 모발이 물들 수 있고 오래 두면 자국이 남을 수 있으니 유의하며 사용한다.

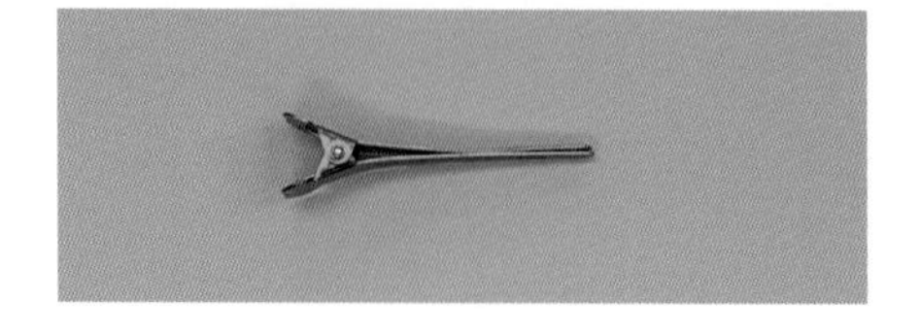

3) 핀의 종류와 특징

① 대핀

두께가 두껍고 강하게 다물어져 있어 많은 양의 모발을 고정하는 데 사용한다. 핀이 물릴 수 있는 양만큼 조절하여 사용한다.

② U핀 대(大)

모발을 토대에 고정하거나 크게 모양을 만들어 고정하는 때 사용한다.

③ U핀 중(中)

U핀 대보다 작은 크기로 모발로 만든 여러 형태를 고정하는 데 사용한다. 주로 작은 모양의 모발을 고정하는 곳에 이용한다.

④ U핀 소(小)

가는 핀으로 적은 양의 모발로 모양을 만든 곳에 고정하는 핀으로 사용한다.

⑤ 실핀

토대를 만들거나 형태를 만들어 두피 쪽에 모발을 부착시키듯 고정하는 곳에 주로 사용한다.

⑥ U핀 소(얇은 핀)

부드럽고 힘이 약한 핀으로 적은 양의 모발로 모양을 만든 곳에 고정하는 핀으로 사용한다. 핀이 가늘어서 고정 이후 잘 티가 나지 않는다.

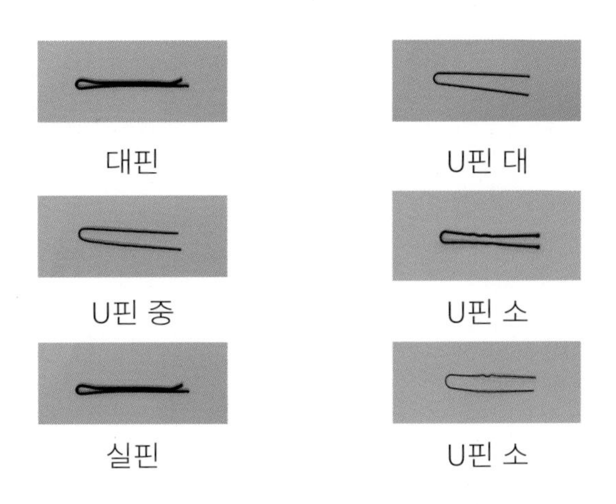

대핀 U핀 대

U핀 중 U핀 소

실핀 U핀 소

4) 스타일링 제품

① 스프레이

모발의 형태를 고정시키는 역할을 한다. 다양한 타입의 스프레이가 있으며 사용하기 용이한 것으로 사용한다. 일반적으로는 형태의 크기가 유지되기 용이한 가스 타입을 주로 사용한다. 분사 시에는 30cm가량 거리를 두고 분사하여 한 곳에만 스프레이가 딱딱하게 고정되지 않도록 하고 부드럽게 고정되어 보이게 한다. 분사 후에 드라이기의 약한 열로 가열하면 더욱 고정력이 커진다.

② 광택제

스프레이를 이용하여 고정한 후 광택제를 사용하면 모발의 표면이 윤기 있어 보인다. 또한, 모발의 손상이 있어 표면이 거칠어 보일 때 광택을 주는 용도로 사용한다.

③ 왁스

다양한 타입의 왁스가 있으며 디자인에 따라 자유롭게 선택하여 사용한다. 스프레이보다는 무게감이 있어 형태를 높이 만들어야 하는 부분보다는 모발에 붙여서 형태를 만드는 용으로 사용하는 것이 좋다.

④ 에센스

샴푸 후에 모발에 도포하여 모발을 보호하는 용으로 사용한다. 정전기를 방지해 주고 모발 손상을 줄여 주며 부드럽고 자연스러운 스타일링을 만들 수 있다.

5) 기타 도구

① 끈, 고무줄

모발을 묶어 토대를 만들거나 모발을 하나로 묶고자 할 때 사용한다. 모발과 비슷한 색을 사용하는 것이 좋다.

② 망

모발에 층이 많거나 잔머리가 많을 때 모발을 그물처럼 생긴 얇은 망에 넣어서 형태를 용이하게 만들기 위해 사용한다. 웨이브의 모양이나 다양한 형태를 쉽게 만들 수 있다. 모발 색과 유사한 색을 사용하는 것이 자연스러운 연출을 할 수 있다.

③ 싱

모발로 만들기에는 부족한 볼륨을 만들 때 사용한다. 원하는 볼륨을 표현하도록 양을 조절하며 원하는 모양으로 만들어 모발 두피 쪽에 부착한다. 입체적인 두상의 모양, 업스타일의 모양을 만들 수 있다. 모발 색과 비슷한 색으로 사용한다.

④ 헤어피스

모발의 양이 적거나 모발 길이가 짧아 형태를 만들기 부족할 때 사용한다.

⑤ 전기 세팅기

업스타일을 하기 전에 전체적으로 웨이브를 주어 형태를 용이하게 만들기 위해 사용한다. 롤의 크기는 대·중·소의 크기로 있으며 원하는 업스타일에 맞게 브로킹·섹셔닝하여 사용한다.

⑥ 아이론

아이론의 종류에 따라 다양한 스타일링이 가능하다. 업스타일의 디자인에 맞는 아이론을 선택하여 사용한다. 직선으로 모발을 만들거나 다양한 모양의 웨이브를 만들 수 있다. 원하는 부분에만 모양을 연출할 수도 있다. 크게는 플랫, 삼각, 원형 아이론으로 분류한다.

⑦ 드라이기

모발을 건조하고 스타일링을 하는 도구이다. 볼륨을 만들거나 웨이브, 스트레이트 등 디자인에 맞는 형태를 자유롭게 만들 수 있다. 또한, 스프레이를 분사한 후 고정력을 높이는 용도로도 사용할 수 있다.

2. 브로킹

업스타일을 위한 브로킹은 디자인에 따라 여러 가지가 있을 수 있다. 기본적으로는 본인이 만들기 용이하게 구획을 나누는 것이 브로킹이므로 디자인을 고려하여 브로킹한다.

자주 사용되는 방법으로는 업스타일은 톱 부분에 볼륨감을 주는 것이 많으므로 양옆, 앞머리 부분의 구획을 적게 두어 톱 볼륨이 정면에서 잘 보일 수 있도록 하는 방법이 많다.

뒷머리는 모발을 네이프 부분에 묶어 목덜미가 간결하게 보일 수 있도록 정리하고 싱이나 백콤 등을 이용하여 볼륨감을 표현하는 방법이 많이 사용된다.

톱 부분은 볼륨감을 형성할 수 있도록 따로 브로킹을 나누어 두는 경우가 많다.

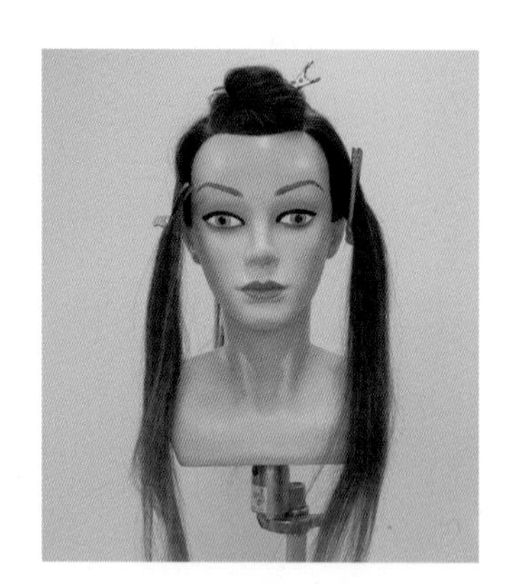

예 1) 앞머리와 옆머리 부분의 브로킹 구획의 면적이 좁다.

예 2) 뒷머리는 네이프 부분에 모발을 묶어 간결하게 정리한 후 모양을 만들어 볼륨감을 표현한다.

예 3) 톱 부분은 볼륨감을 형성할 수 있도록 따로 브로킹을 나누어 두는 경우가 많다.

예 4) 디자인에 따라 다양한 브로킹이 있을 수 있다.

3. 백콤잉

1) 기본 뿌리 볼륨 백콤잉: 꼬리빗 사용

1 섹션의 폭은 2~3cm 정도로 한다. 모발의 끝을 모아서 어느 정도 힘이 있게 잡아 준다. 각도는 120도 정도로 앞머리 쪽으로 밀어준다. 모발 길이 중간 지점에 꼬리빗을 놓고 두피 쪽을 향해 거꾸로 빗어 준다.

2 두피 부분에 꼭 눌러서 모여진 모발이 두피 부분에 밀착되게 한다.

3 반복하여 빗질하여 원하는 모발의 양이 두피 부분에 모여져 볼륨을 형성할 수 있도록 한다. 어느 부분에 모발의 양이 더 많거나 적어지지 않도록 백콤 한다.

4 가운데 부분의 섹션을 백콤잉 한 후, 양옆 부분도 동일하게 백콤 한다. 모발의 빗질 각도는 두상에서 90도 정도가 되게 한다.

5 처음에 백콤 했던 가운데 부분과 비슷하게 백콤 한다.

6 반대쪽 부분도 동일하게 진행한다.

2) 기본 뿌리 볼륨 백콤잉: 돈모빗 사용

1 섹션의 폭은 2~3cm 정도로 한다. 모발의 끝을 모아서 어느 정도 힘이 있게 잡아 준다. 각도는 120도 정도로 앞머리 쪽으로 밀어준다.

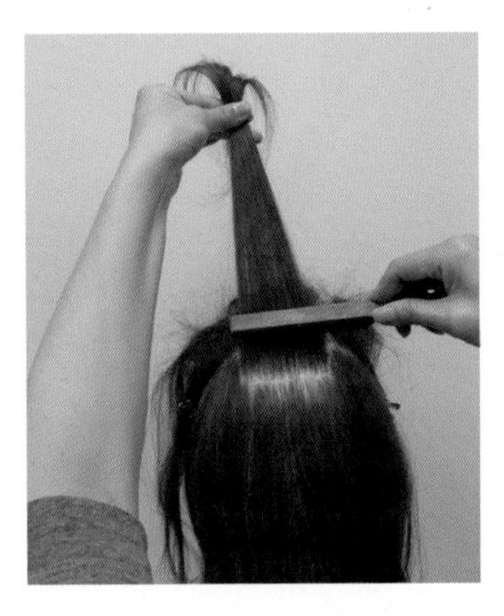

2 모발 길이 중간 지점에 돈모빗을 놓고 두피 쪽을 향해 거꾸로 빗어준다.

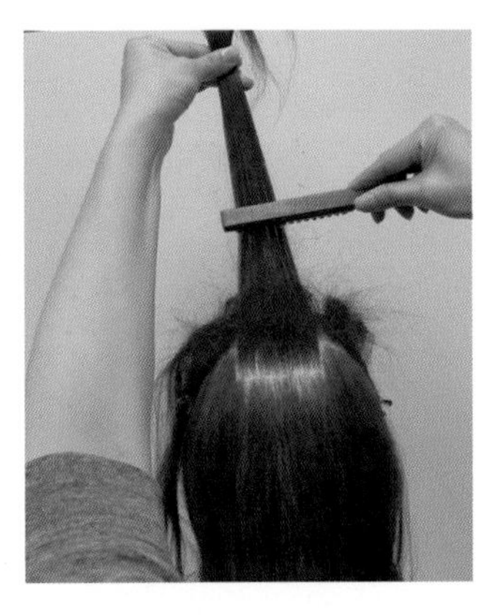

3 반복하여 빗질하여 원하는 모발의 양이 두피 부분에 모여져 볼륨을 형성할 수 있도록 한다. 어느 부분에 모발의 양이 더 많거나 적어지지 않도록 백콤한다.

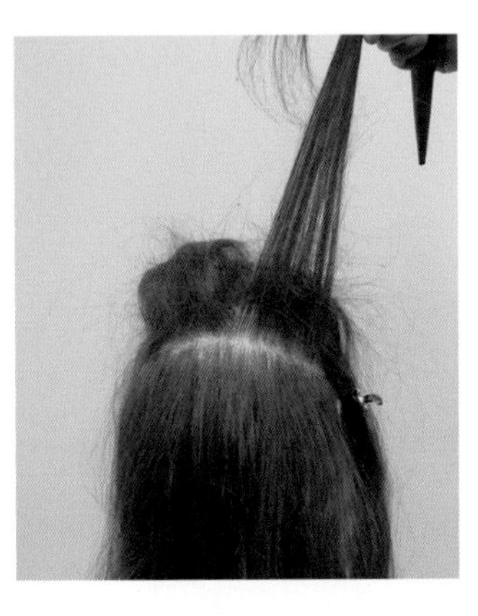

4 가운데 부분의 섹션을 백콤잉 한 후, 양옆 부분도 동일하게 백콤 한다. 모발의 빗질 각도는 두상에서 90도 정도가 되게 한다.

5 처음에 백코잉했던 가운데 부분과 비슷하게 백콤 한다.

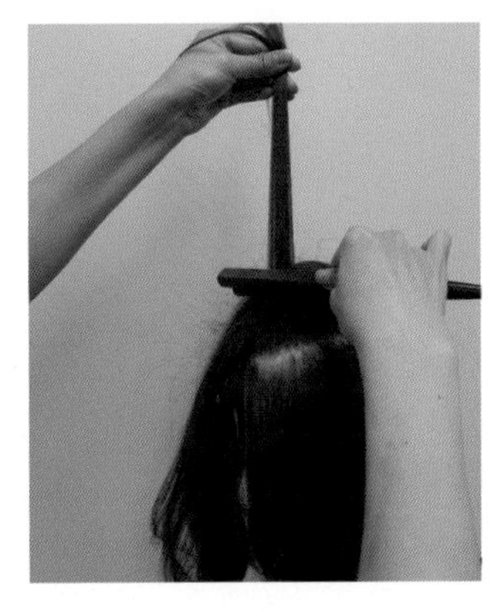

6 반대쪽 부분도 동일하게 진행한다.

3) 풍성한 백콤: 돈모빗 사용

1 섹션의 폭은 2~3cm 정도로 한다. 모발의 끝을 모아서 힘을 빼고 잡아 준다. 각도는 100도 정도로 앞머리 쪽으로 밀어준다.

2 모발의 2/3 지점에 돈모빗을 두고 두피 쪽으로 모발을 밀어 준다. 빗을 잡은 손에 힘을 빼고 부드럽게 밀 듯이 빗질한다.

3 두피 부분을 향해 반복하여 빗질한다.

4 두피 부분에만 모발이 모이는 방법이 아닌 모발 전체적으로 풍성한 느낌이 들도록 백콤하되, 붓 모양처럼 두피 부분의 모발의 양이 많고 모발 끝으로는 모발의 양이 적어지는 모양이 되도록 한다.

5 잡은 패널의 모든 모발이 다 백콤이 될 수 있도록 끝까지 모발을 두피 쪽으로 빗질한다.

6 패널의 모든 부분에 풍성하게 백콤이 된 모습이다.

4) 두피 부분 백콤: 꼬리빗 사용

1 2cm 정도로 섹셔닝한다. 모발을 힘이 있게 잡아 준다.

2 1/3 지점에 꼬리빗을 두고 백콤 한다. 많은 양이 모여지지 않고 적은 모발만 모여져서 두피 부분에 적게 볼륨감을 형성할 수 있도록 한다.

3 두피 쪽으로 꼭꼭 모발을 밀어 넣는다.

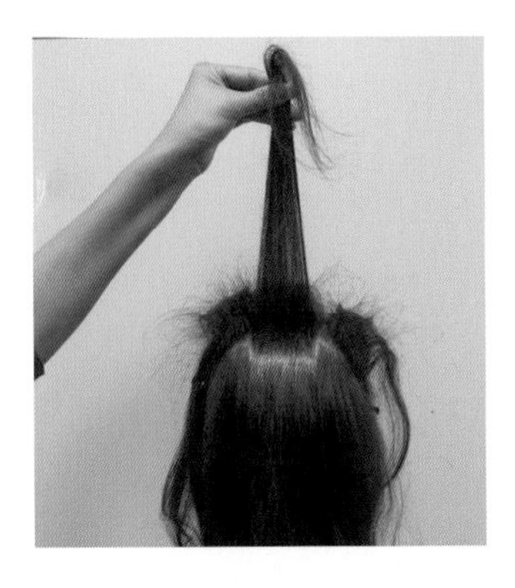

4 두피 부분에만 적은 양으로 백콤 되었다.

5 두피 부분에 적게 볼륨이 형성되었다.

5) 백콤 후 볼륨 정리

1 꼬리빗으로 백콤 한 모발이 풀리지 않도록 겉 부분만 빗질한다. 꼬리빗의 꼬리 부분을 이용하여 모발 안의 백콤 된 모발을 위로 살짝 들어 올려 원하는 모양으로 볼륨을 잡아 준다.

2 빗을 들지 않은 손으로 원하는 모양이 흐트러지지 않도록 잡아 주면서 꼬리빗으로 전체적인 볼륨을 정리해 주어야 한다.

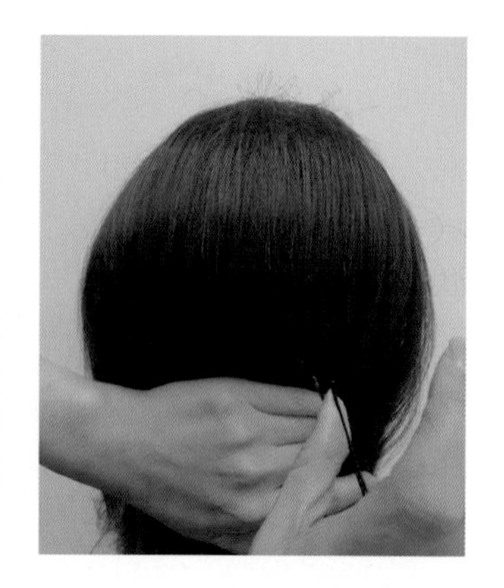

3 볼륨의 모양이 정리되었으면 모양을 잡은 손은 그대로 두고 핀을 이용하여 모양을 고정한다.

6) 백콤의 3가지 종류

(1) 모근 백콤

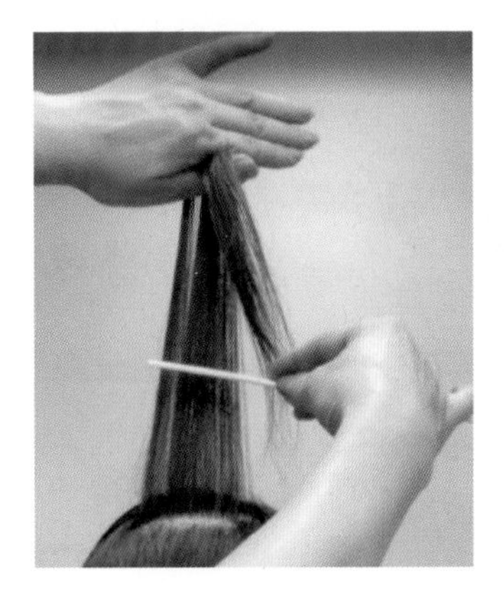

1 모발의 양은 모량에 따라 다르며 빗으로 백콤 할 수 있는 양을 잡는다.

2 모발을 잡은 손에 힘을 주는 동시에 백콤을 넣는 손도 동시에 아래로 힘을 준다.

3 모발이 전체적으로 모근부터 차곡차곡 쌓이도록 한다.

4 백콤을 넣을 때 백콤빗이 직각으로 내려가야 한다.

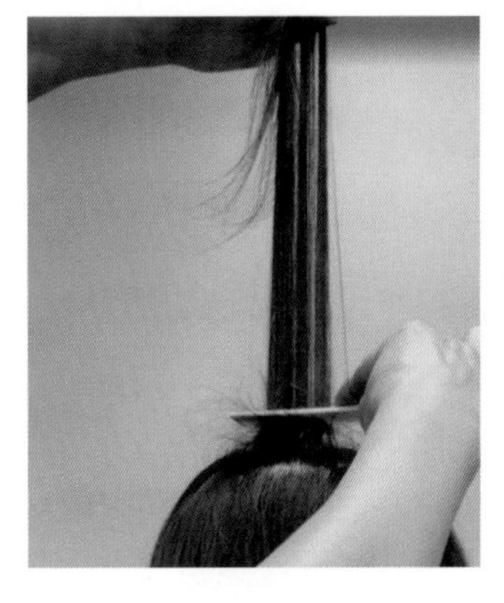

5 모근 쪽에 쌓이도록 백콤을 넣는다.

6 모근 백콤은 모근에서3~5cm 정도로 넣는다.

(2) 양감 백콤

1 전체적으로 풍성하면서 심의 역할을 할 수 있도록 양쪽으로 엇갈리면서 쌓는다.

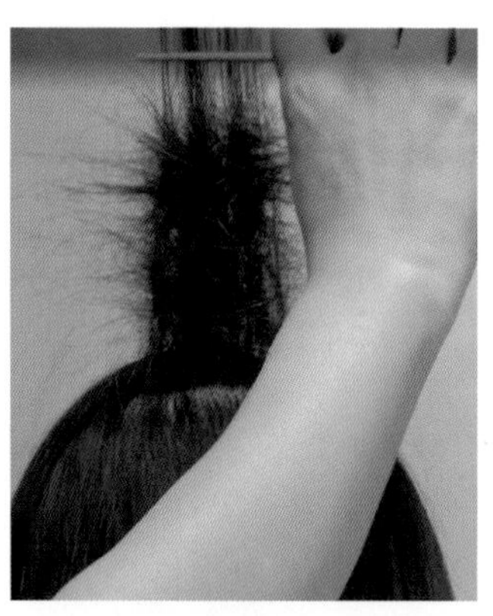

2 모발이 서로 엇갈리면서 쌓여 쿠션감 있게 백콤을 넣는다.

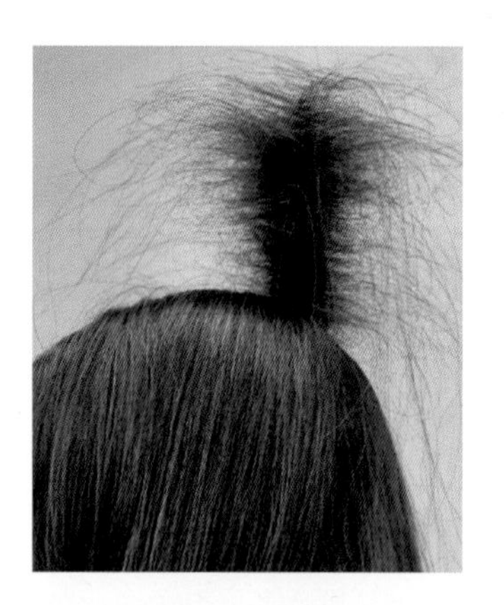

3 전체을 백콤을 넣고 만졌을 때 딱딱한 부분이 없도록 한다.

(3) 면 백콤

1 모단에 일정하게 섹션에 깊게 밀지 않고 쌓는다는 느낌이 들도록 넣는다.

2 모근 백콤을 베이스로 놓고 섹션에 두께감 있는 상태를 만든다.

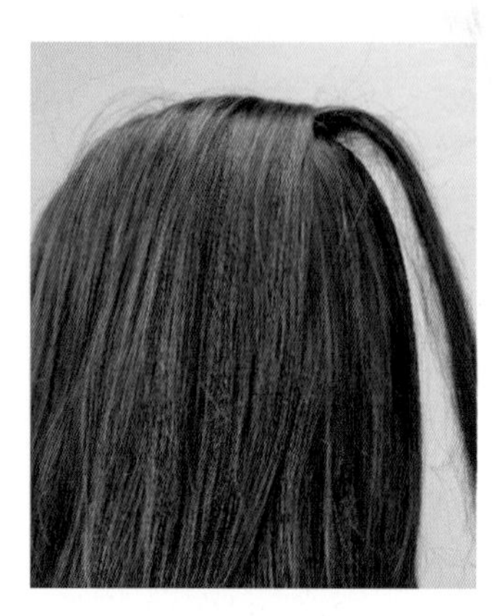

3 빗의 이동 길이가 길면 백콤이 뭉치게 된다. 면 백콤은 면의 두께감을 준다.

4. 머리 묶는 법

1) 기본 하나로 묶기

1 묶을 부분에 손을 위치한다. 손을 향해 모발을 전체적으로 빗어 준다.

2 빗질이 끝났으면 묶을 부분을 손으로 잡아 준다.

3 잡은 손의 검지에 고무줄을 걸어 준다.

4 고무줄 걸은 손의 반대 방향으로 고무줄을 돌려준다.

5 여러 번 돌려서 텐션 있게 모발이 묶일 수 있도록 한다.

6 강하게 모발이 잡아졌으면 처음에 검지에 걸어 놓았던 고무줄 부분에 고무줄 끝부분을 가져온다.

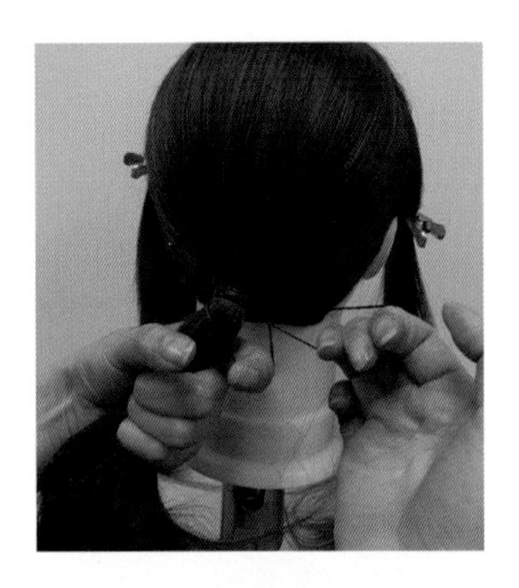

7 처음 걸어 놓았던 검지 쪽 고무줄 안으로 남은 고무줄을 안으로 넣는다.

8 처음에 검지 손에 걸어 놓았던 고무줄만 놓는다. 교차되었기 때문에 고무줄이 풀리지 않는다.

9 한쪽 남은 고무줄은 반대쪽으로 묶인 모발을 넣어 준다.

10 잡아당겨 다시 묶인 모발을 넣어 묶어 준다.

11 텐션 있게 모발이 묶여졌으며 빗은 모발의 형태가 흐트러지지 않았다.

12 텐션감을 더 주기 위해 가로로 나누어 당겨 준다.

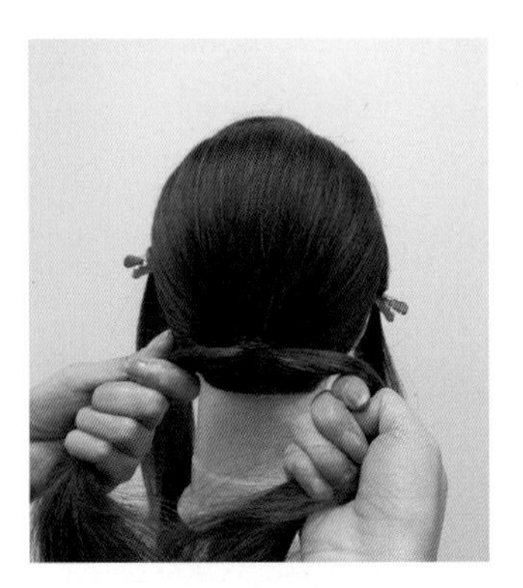

13 힘 있게 당겨 준다.

14 세로로도 당겨 준다.

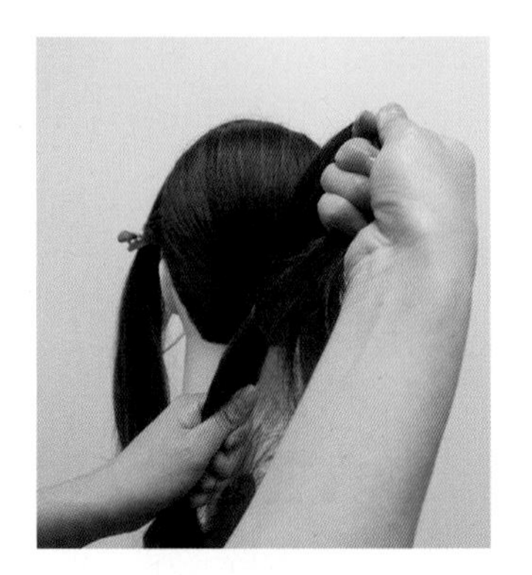

15 힘 있게 당겨 준다. 모발 묶는 것이 마무리되었다.

2) 고무끈으로 머리 묶는법

1 고무줄 한쪽을 4~5cm 남기고 엄지와 검지로 잡는다.

2 검정 끈으로 돌릴 때 옆으로 가로로 텐션을 주어 당기면서 돌린다.

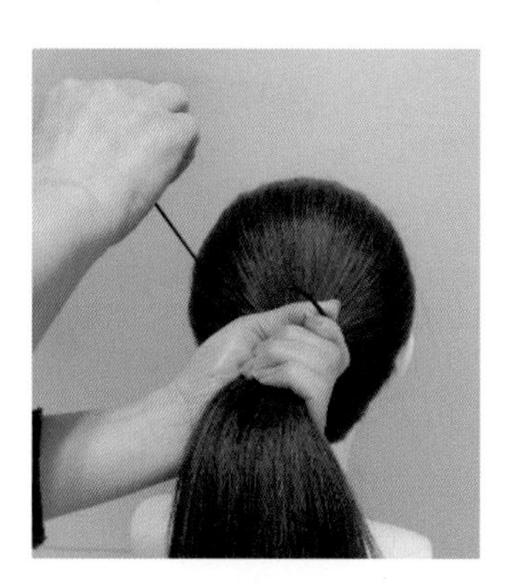

3 2~3바퀴 정도로 돌린다.

4 양쪽고무줄을 모발 다발을 잡은 반대 손으로 잡는다.

5 모발 다발을 잡은 손, 엄지와 검지로 양쪽을 잡아 준다.

6 엄지와 검지로 두 번 꼬은 후 모발 다발을 놓는다.

7 양쪽 손으로 당겨서 묶어 준다.

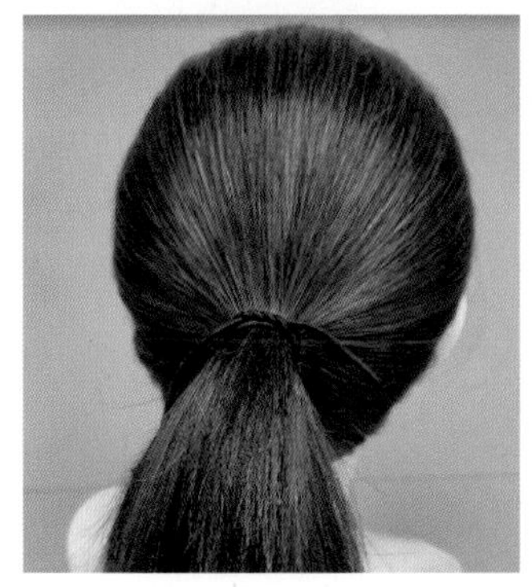

8 묶어 놓은 상태

9 검정 끈을 풀리지 않게 하기 위해 묶여진 부분에 헤어스프레이를 뿌려 준다.

3) 고무 밴드로 머리 묶는 방법

1 고무줄 한쪽에 실핀을 꽂는다.

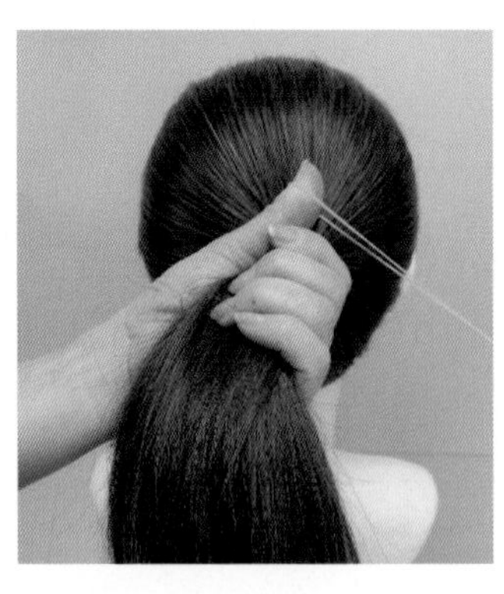

2 모발 다발을 잡은 검지에 걸어서 돌린다.

3 고무줄을 돌릴 때 옆으로 가로로 당기면서 돌린다.

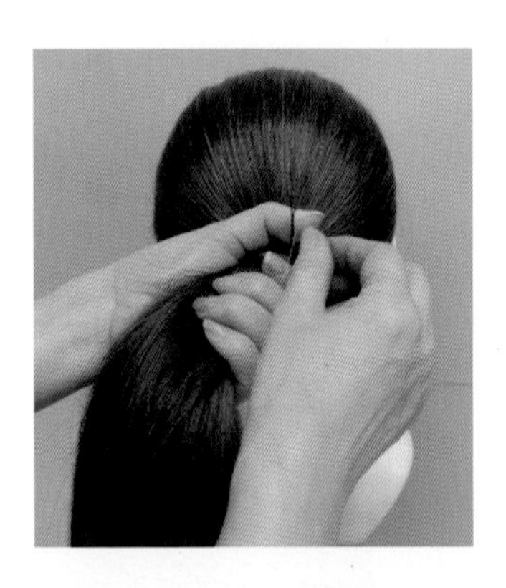

4 고무줄을 당긴 후 실핀에 꽂는다.

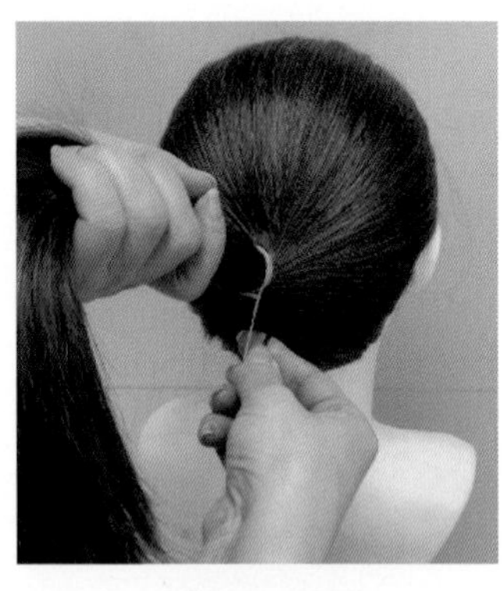

5 모발 다발 아래로 가지고 와서 정수리 위쪽을 향해 꽂아 준다.

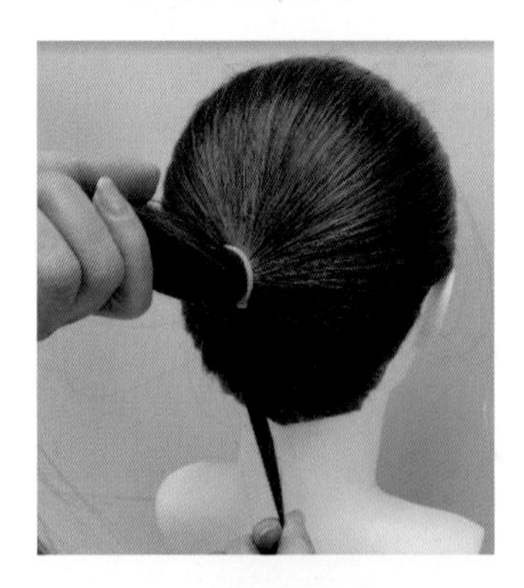

6 고무줄을 감추기 위해 아래에서 모발을 가지고 돌린다.

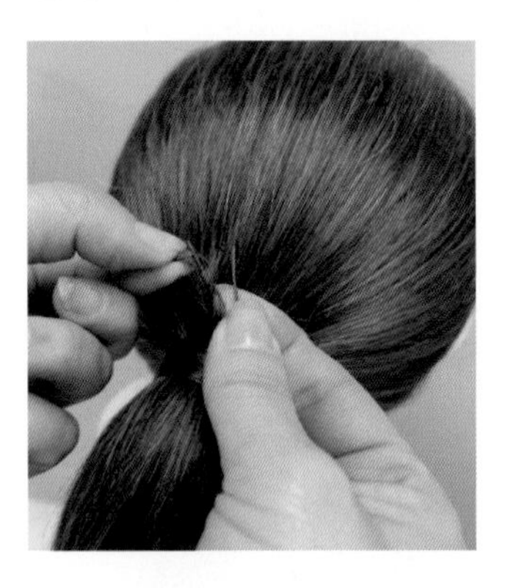

7 끝까지 돌린 후 모발 끝부부에 실핀으로 2~3번 감아 준다.

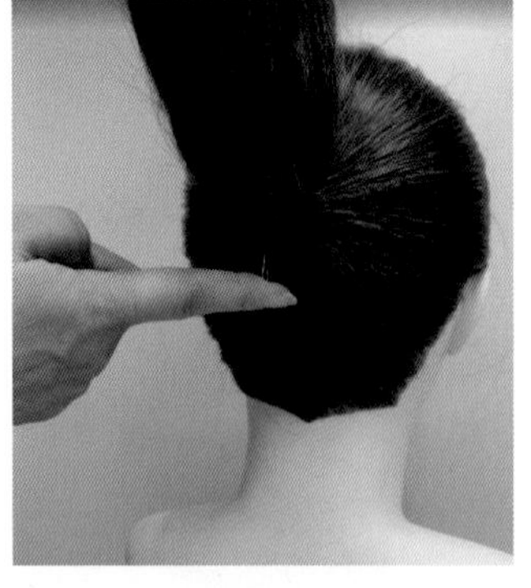

8 모발 다발 아래쪽에서 톱을 향해 실핀을 꽂아 준다.

9 고무줄 감추기 기법

4) 부분 고정 묶기

1 고무줄을 두 개의 링이 되도록 교차하고 양쪽 끝부분에 실핀을 꽂는다.

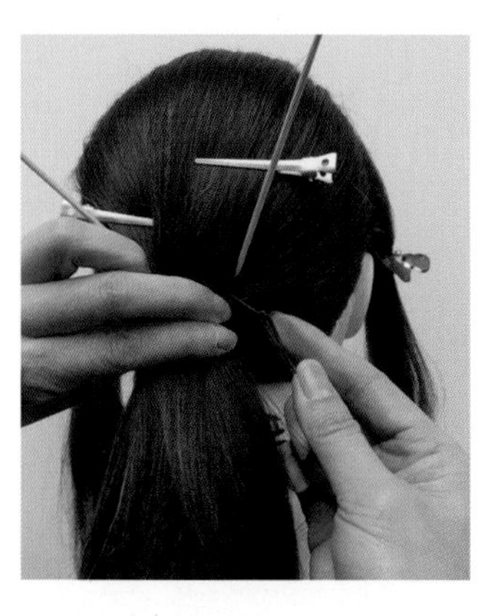

2 실핀을 묶을 부분에 넣는다. 두피를 긁듯이 핀을 꽂는다. 핀은 사선 위쪽으로 꽂아 주어 핀이 고정되기 쉽도록 한다.

3 실핀이 꽂아졌으면 고무줄을 당긴다.

4 반대 방향으로 당겨 준다.

5 남은 반대쪽 실핀은 반대 방향에 꽂아 준다. 꽂는 방법은 이전과 동일하게 한다.

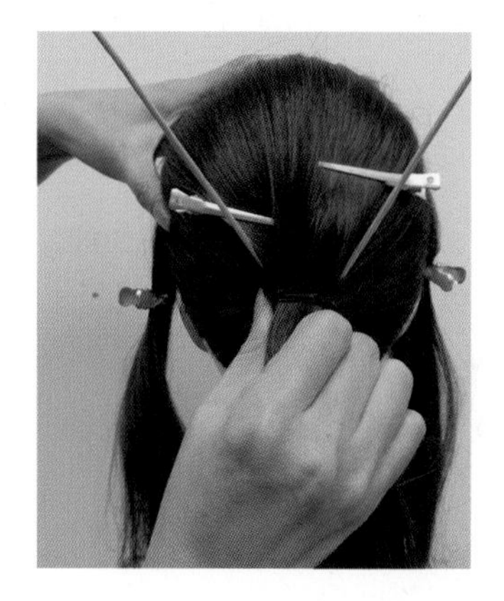

6 윗 부분의 모양이 헝클어지지 않고, 너무 하나로 강하게 모아지지 않게, 모발의 묶인 부분의 폭이 유지되면서 모발이 고정되었다.

5. 핀 고정하기

1) 토대 만드는 핀 꽂기

1 모양이 흐트러지지 않도록 왼손으로 눌러 준다. 실핀을 오른손가락에 넣어 벌려 준다.

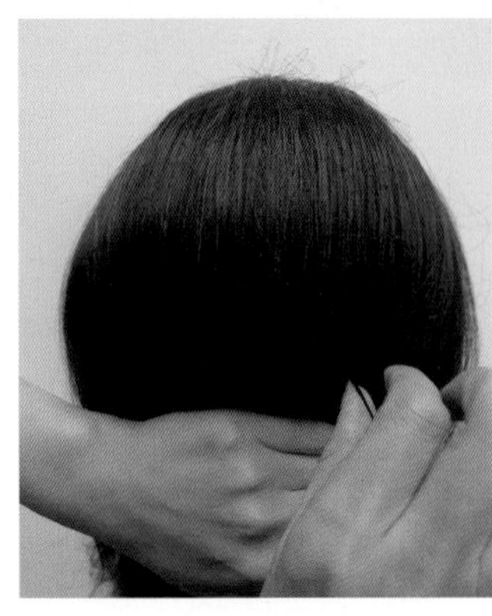

2 왼손으로 모발을 누르고, 오른손으로 핀을 꽂을 위치에 놓아 준다.

3 가운데 부분에 수평으로 꽂아 준다.

4 두피를 긁듯이 핀을 꽂는다.

5 핀이 두피에 밀착되어 있어야 한다.

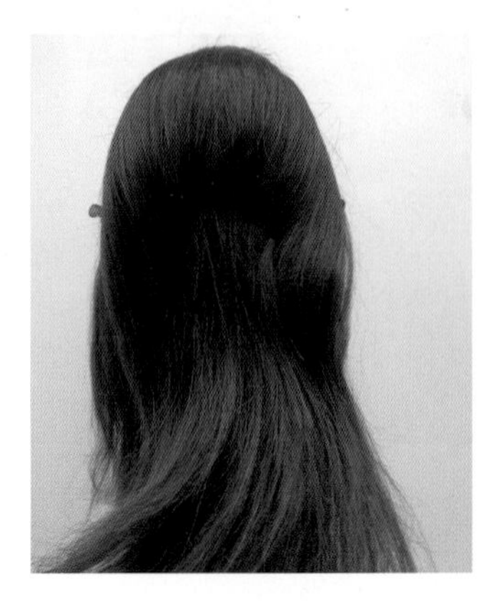

6 양옆으로 사선으로 핀을 꽂는다. 수평으로 꽂은 핀 위에 겹쳐지도록 하여 토대가 힘이 있도록 한다.

(1) 토대의 종류

묶기 토대

땋기 토대

핀 토대

끄기 토대

모발에 백콤을 넣은 후 검지손가락을 아래로 향하게 넣은 후 틀어서 실핀을 이용하여 꽂아 준다.

2) 싱 만들기

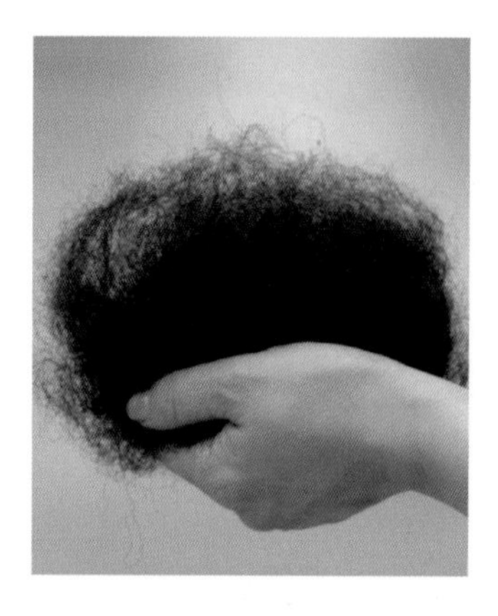

1 뭉쳐 있는 싱은 조금씩 반복해서 떼어낸다.

2 싱의 가장자리를 접으면서 싱을 고르게 펴준다.

3 반으로 접거나 말아가면서 타이트하게 감싼다.

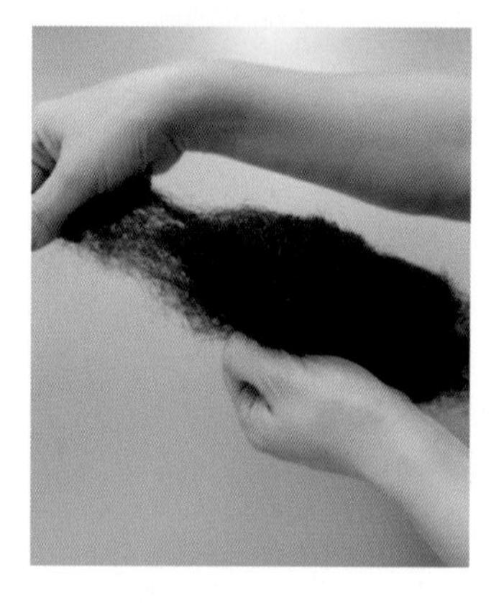

4 싱을 쓰다듬으면서 모양을 만들어 준다.

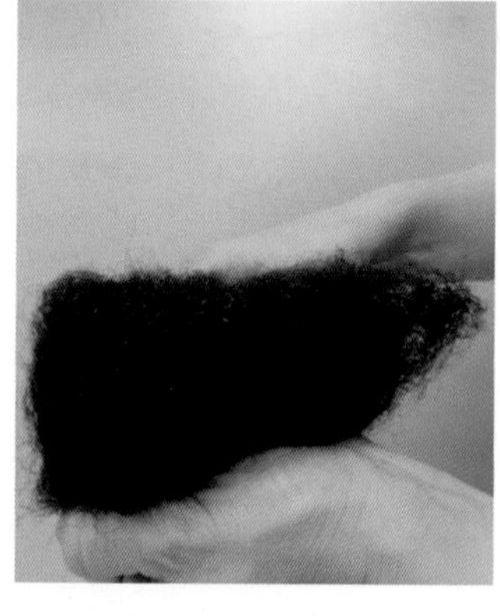

5 싱의 모양에 따라 쓰다듬으며 텐션을 주면서 형태를 만든다.

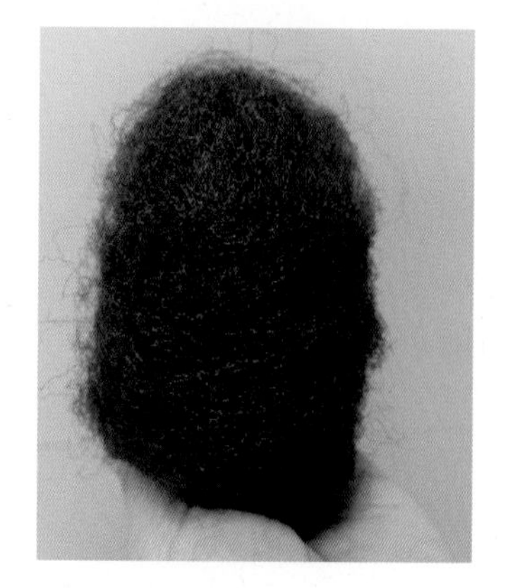

6 약간 타원형인 싱 완성

3) 싱 고정하기

1 핀을 이용하여 토대를 만든 후에 싱을 부착한다. U핀 대를 이용하여 고정한다. 싱의 가장자리 부분에 두피에 직각이 되도록 핀을 위치한다.

2 핀을 두피에 수평이 되듯이 각도를 옮기며 꽂아 준다. 이때 두피에 핀이 밀착되어 있어야 한다.

3 핀을 깊이 눌려 꽂아 준다. 싱의 둘레에 필요에 맞게 고정되도록 핀을 여러 개 꽂아 준다.

4 실핀을 이용하여 고정하는 방법이다. 실핀을 손가락에 벌려서 걸어 준다.

5 싱의 가장자리 부분에 두피에서 직각이 되도록 위치한다.

6 핀을 두피에 수평이 되듯이 각도를 옮기며 꽂아 준다. 이때 두피에 핀이 밀착되어 있어야 한다.
싱의 둘레에 필요에 맞게 고정되도록 핀을 여러 개 꽂아 준다.

4) 기본 U핀 꽂기

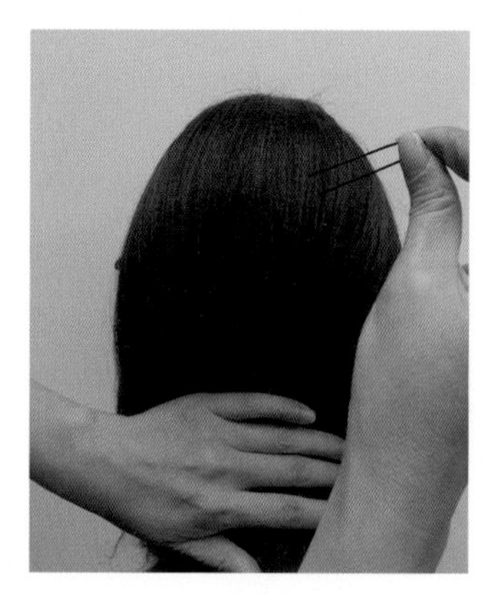

1 U핀을 두피에 직각이 되도록 위치한다.

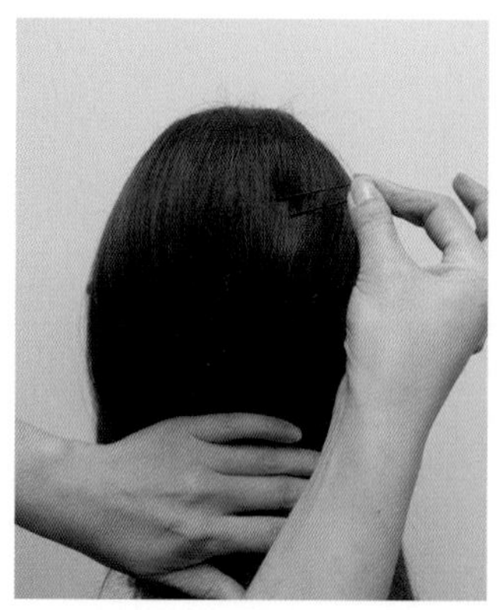

2 핀을 두피에 수평이 되듯이 각도를 옮기며 꽂아 준다. 이때 두피에 핀이 밀착되어 있어야 한다.

3 핀을 깊이 눌려 두피에 닿게 꽂아 준다.

4 형태를 고정시킬 때에는 U핀을 형태가 고정되어야 하는 부분(꺽인 면 등)에 두피 쪽에 핀을 위치한다. 두피에 직각이 되도록 한다.

5 핀을 두피에 수평이 되듯이 각도를 옮기며 꽂아 준다. 이때 두피에 핀이 밀착되어 있어야 한다.

6 핀을 깊이 눌려 두피에 닿게 꽂아 준다.

7 커다란 모양을 고정해야 할 때는 U핀을 바느질하듯이 꽂는다.

8 사진처럼 위아래로 바느질하듯이 꽂아서 고정력을 높인다.

5) 기본 U핀(小) 꽂기

1 모양을 만들고 형태를 고정시킬 때에는 핀을 형태가 고정되어야 하는 부분(꺽인 면 등)에 두피 쪽에 핀을 위치한다. 두피에 직각이 되도록 한다.

2 핀을 두피에 수평이 되듯이 각도를 옮기며 꽂아 준다. 이때 두피에 핀이 밀착되어 있어야 한다.

3 보비핀은 핀의 두께가 얇아 핀이 잘 보이지 않는다. 그러나 핀에 힘이 적어 고정력은 강하지 않다.

■ 디자인에 따른 핀 고정 방법

1 가로 일직선

2 세로 일직선

3 다운 라운드

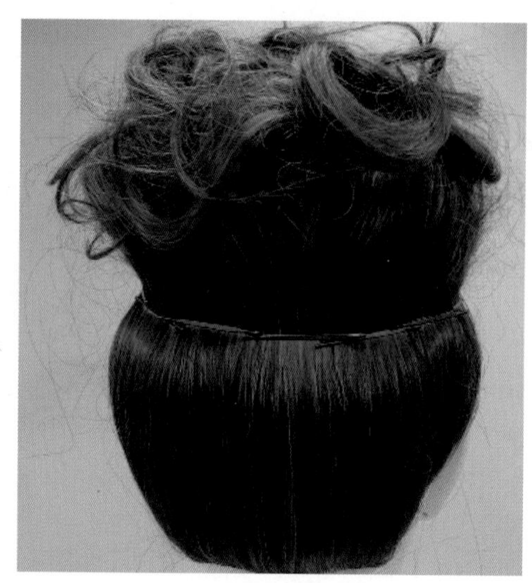

4 업 라운드

6. 기본 업스타일 테크닉

1) 형태를 만들기 위한 빗질과 손 모양

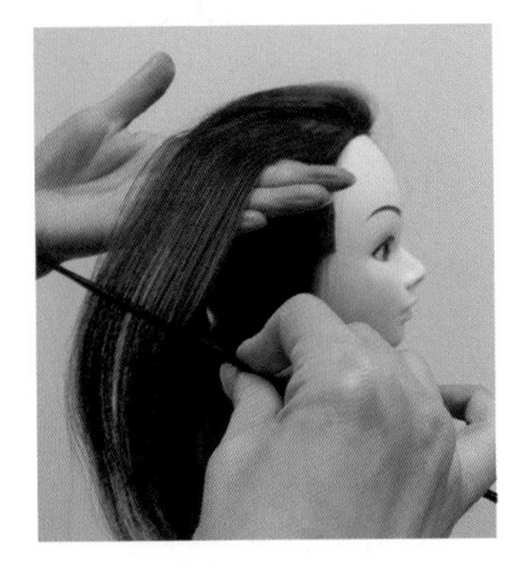

1 모양을 만들 부분을 섹셔닝하고, 두피에서부터 빗질한다.

2 손을 받혀서 빗질한 모양이 흐트러지지 않도록 한다.

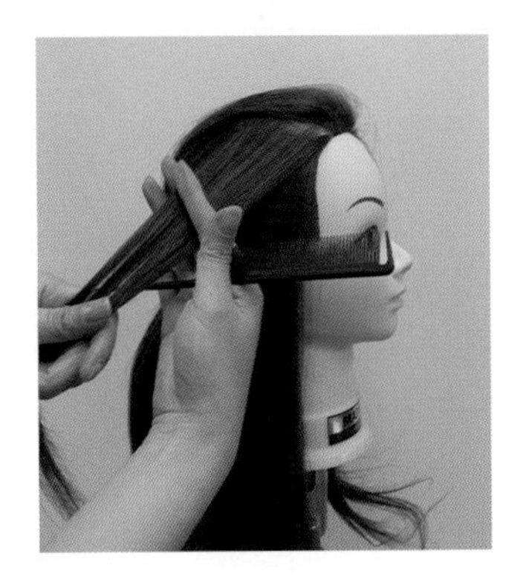

3 오른손가락으로 모발을 섬세하게 잡아 준다.

2) 심을 감싸기 위한 모발 펼치기

1 묶은 모발의 윗부분을 빗질하여 정리한다.

2 손가락으로 양옆으로 펼쳐 준다.

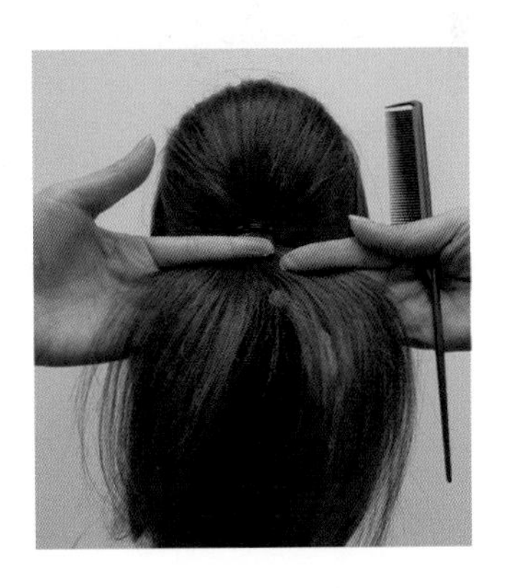

3 심의 크기에 맞게 펼쳐서 심이 가려질 수 있도록 한다.

3) 묶은 모발 말아 정리하기

1 모발을 빗질하고, 모발을 손으로 정리한다.

2 묶은 부분에서 손가락을 이용하여 모발을 고정하고 원하는 모양의 크기를 잡는다.

3 모양과 크기를 결정한다.

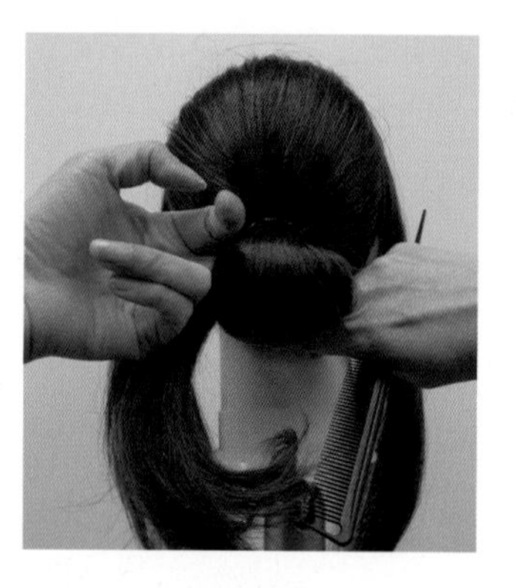

4 볼륨을 주기 위해 왼손가락으로 위로 올려 준다.

5 양옆으로 펼쳐서 고정한다.

5) 모발 끝부분 정리

1 형태를 만들고 남은 모발 끝부분에 실핀을 건다.

2 실핀의 한쪽에 남은 모발을 돌려준다.

3 원하는 부분에 실핀을 꽂아서 감춰 준다.

6) 사이드 C 모양 만드는 손의 위치

1 모발을 빗질하고 뒷부분으로 당겨 준다.

2 왼손으로 모발을 잘 잡아서 흐트러지지 않도록 한다. 모발의 아랫 부분을 잡는다.

3 왼손에 힘을 조금 풀고, 모발 아래쪽 부분을 아래 방향으로 잡아 당겨 준다.

4 천천히 당겨 준다.

5 왼손은 모발이 풀리지 않도록 잡고 있어야 한다.

6 원하는 모양만큼 당겨서 모양을 만든다.

7) S 모양 만드는 손의 위치

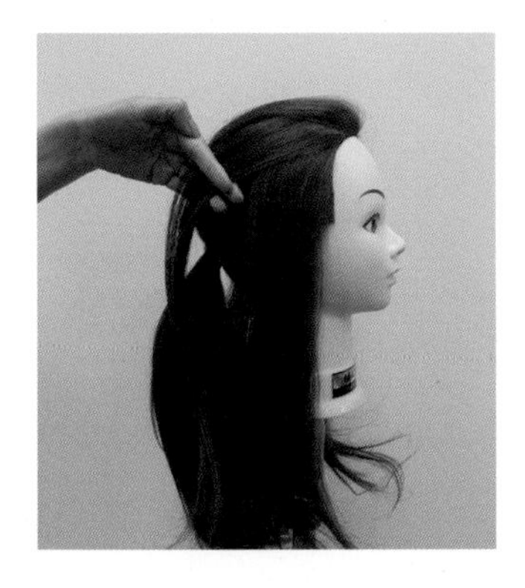

1 섹셔닝한 모발을 뒷부분으로 당겨 빗질한다.

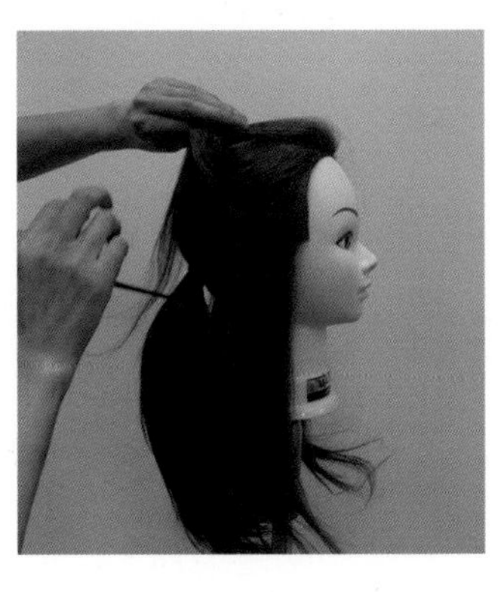

2 처음에는 C의 모양으로 만든다. 왼손가락으로 모발을 당겨 모양을 만드는데, 안쪽 부분(손톱 쪽)의 크기가 더 작게 만들어지도록 한다.

3 꺾이는 부분에 U핀을 이용하여 임시 고정한다.

4 아래쪽 부분의 모발을 빗질하고 U핀 고정 부분에 꼬리빗의 꼬리 부분을 두어 눌러 준다.

5 패널의 아렛 면이 드러나도록 뒤집은 다음, 손으로 잡아 준다.

6 C 모양이 되도록 손으로 모양을 만든다.

7 핀컬핀으로 모양을 임시 고정한다.

8 필요 부분에 고정 스프레이를 뿌려 준다. 주로 꺾이는 부분에 스프레이를 분사한다. 스프레이는 두피에서 약 30cm가량 떨어져서 분사해야 자연스럽게 고정된다.

9 U핀으로 임시 고정한다. 모양에 따라 두피에 밀착되지 않고 공간감이 있도록 만들 수 있다. 핀의 임시 고정 위치에 따라 다양한 형태로 마무리될 수 있다.

10 패널의 끝부분을 빗질한다.

11 항상 모양을 만들기 전에는 빗질하여 모발을 정리해야 깨끗한 모양으로 만들 수 있다. 빗질 시에는 왼손으로 모발을 정확히 잡아 주어야 미리 만들어 놓은 모양이 망가지지 않는다.

12 모발 끝부분도 모양을 만들어 준다. 조심스럽게 모발을 잡아 주면서 만들어야 한다.

8) 원 모양 만드는 손의 위치

1 원 모양 만들 부분을 빗질한다.

2 모발 끝까지 잘 빗질한다.

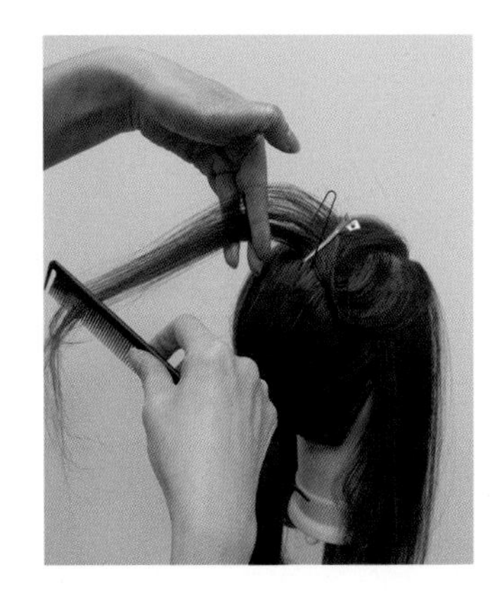

3 왼손으로 만들어질 크기를 잡아 준다.

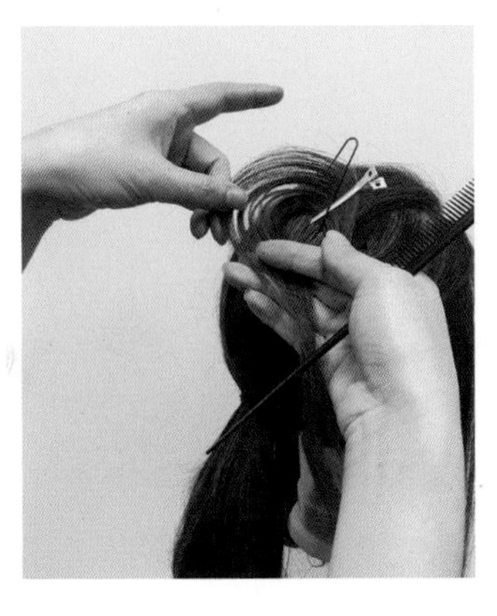

4 왼손가락으로 모발을 당겨 모양을 만드는데, 안쪽 부분(손톱 쪽)의 크기가 더 작게 만들어지도록 한다. 동그라미 모양이 되도록 한다.

5 한 바퀴 완전히 돌려준다.

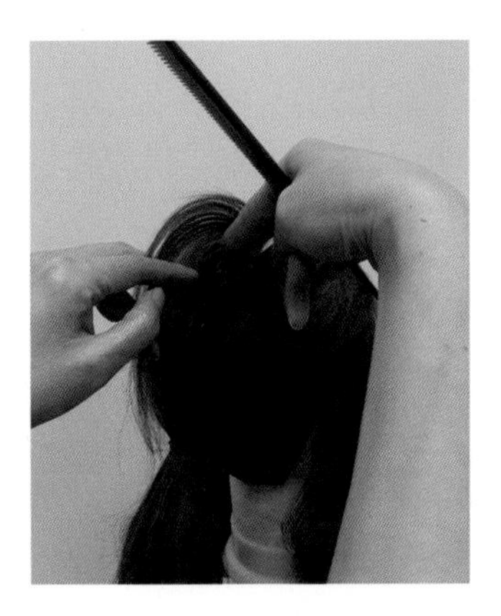

6 처음 만들었던 원과 겹쳐지게 계속 돌려준다. 손가락으로 모양을 잡아 주면서 스프레이를 뿌려 완성한다.

9) 모발 꼬아 모양 만들기

1 원하는 크기로 모발을 나누어 꼬아 준다.

2 모발을 잡은 왼손에 힘을 빼고 밀어 준다.

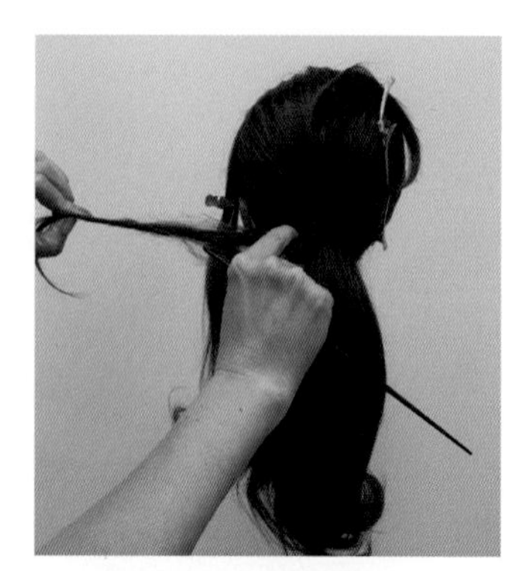

3 모발 끝부분에서부터 두피 쪽으로 모발을 밀어준다.

4 원하는 모양이 되도록 반복하여 밀어준다. 작업이 끝나면 실핀을 이용하여 고정한다.

10) 모발 빼기

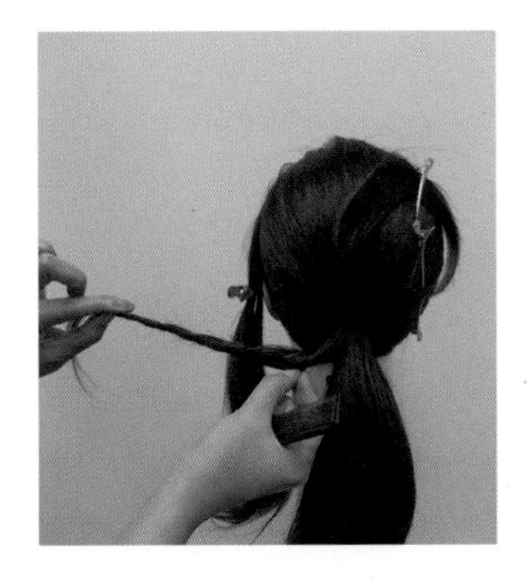

1 원하는 크기로 모발을 나누어 꼬아 준다.

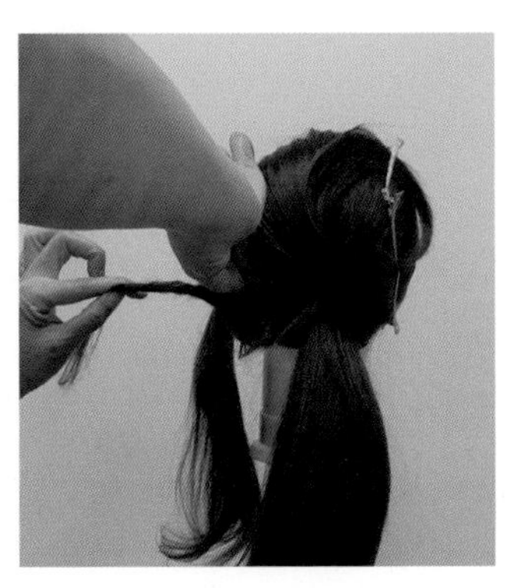

2 모발을 잡은 왼손에 힘을 빼고 잡아 준다.

3 손톱으로 부분부분 모발을 잡아 빼준다.

4 전체적인 모양을 고려하며 필요한 위치의 모발을 빼준다.

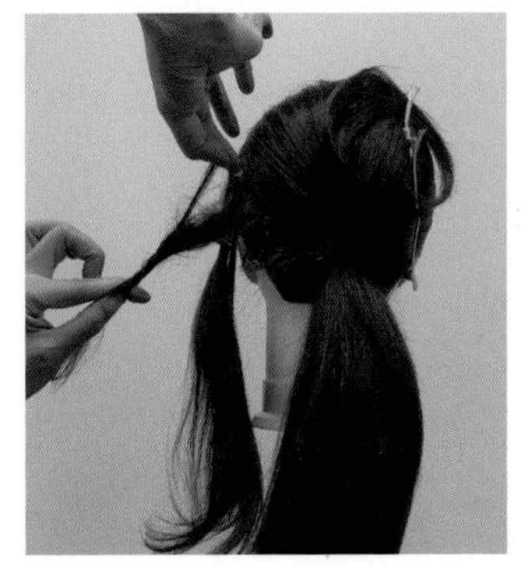

5 빼는 크기도 고려하며 작업한다.

6 손톱으로 적은 양의 모발이 빠지도록 작업하여야 섬세한 모양을 얻을 수 있다. 작업이 끝나면 실핀을 이용하여 고정한다.

7. 전기 세팅 롤 사용 방법

1 세팅 롤에 들어갈 수 있는 양의 모발을 잡는다.

2 모발의 다발을 펴서 왼손바닥에 감싸서 롤로 빗는다.

3 모발 끝부분을 롤에 감싸면서 끝을 말아 준다

4 끝부분을 말면서 잔 모발을 안으로 함께 감싸면서 말아 준다.

5 모발이 롤 바깥으로 넘치지 않도록 말아 준다.

6 모근까지 말아 줄 경우 전기 세팅 롤 방법

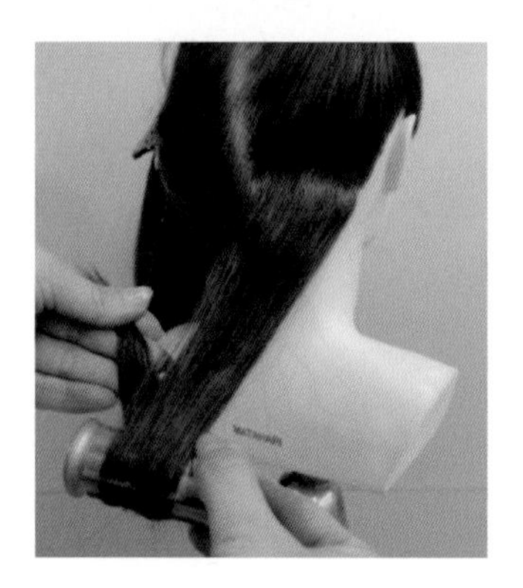

7 긴 모발의 경우 모발 끝부분만 웨이브를 원할 경우

8 모발 끝을 세팅 롤에 감싸면서 말아준다.

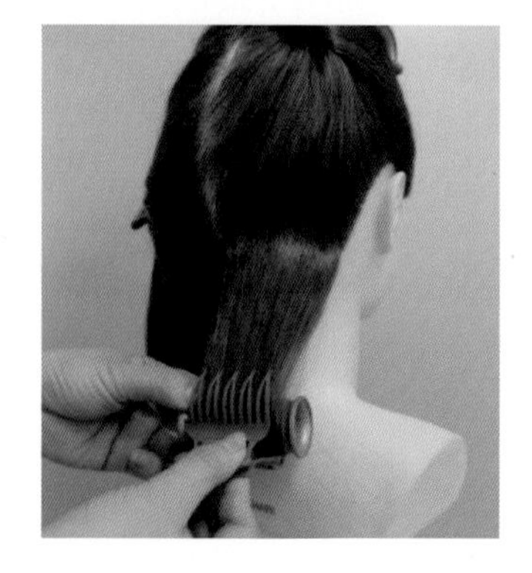

9 모발을 원하는 길이로 말은 후 집게핀으로 잡아 준다.

8. 땋기(braid)

1) 세 가닥 양편 끌어 안땋기(over braid), 겉땋기(under braid)

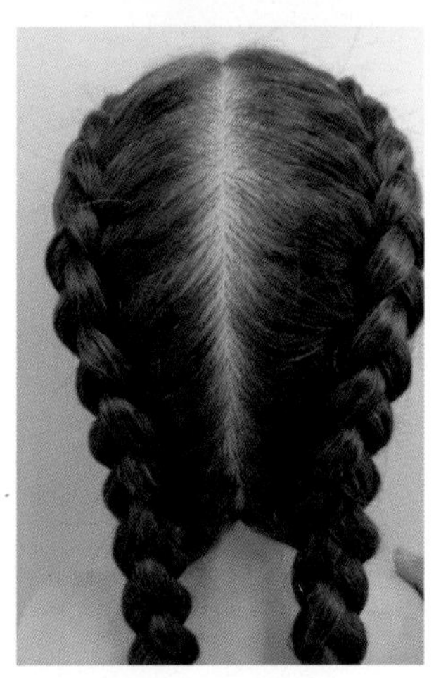

(1) 세 가닥 양편 끌어 안땋기(over braid)

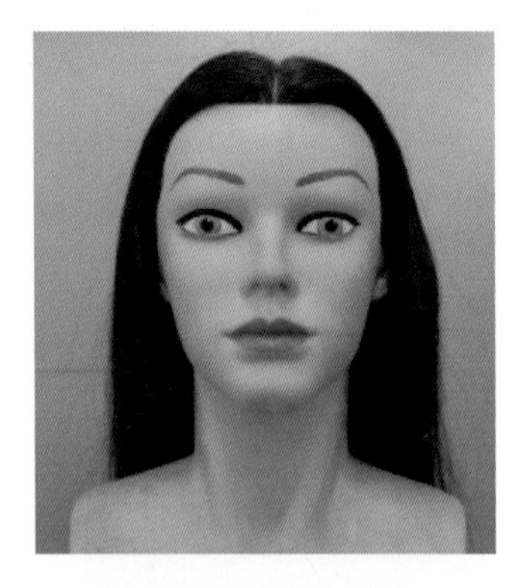

1 모발 땋기 전 사진

2 C.P에서 5~6cm 정도에서 F.S.P로 사선으로 나눈다.

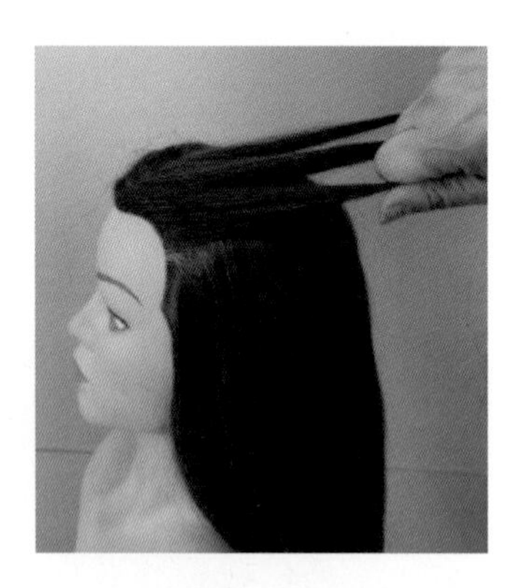

3 모발의 양을 세 갈래로 나눈다.

4 손바닥이 위로 보이도록 세 가닥으로 나누고 가운데 모발을 엄지와 검지로 잡는다.

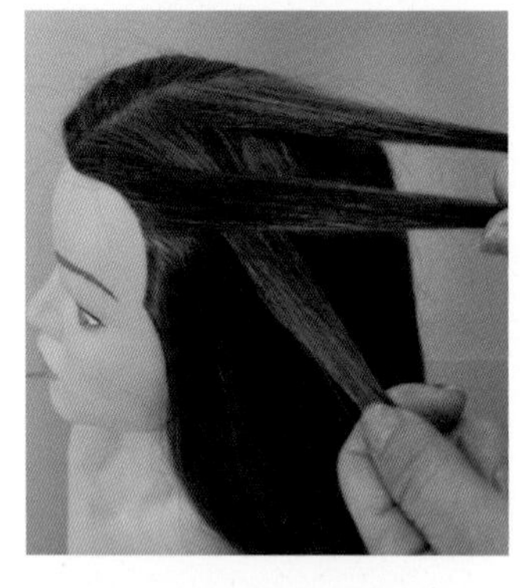

5 가운데 모발을 반대편 손 업지와 검지로 잡아서 빼준다.

6 한쪽 손 엄자와 검지로 모발을 잡고 모발을 잡은 손을 사진과 같이 가운데로 넣는다.

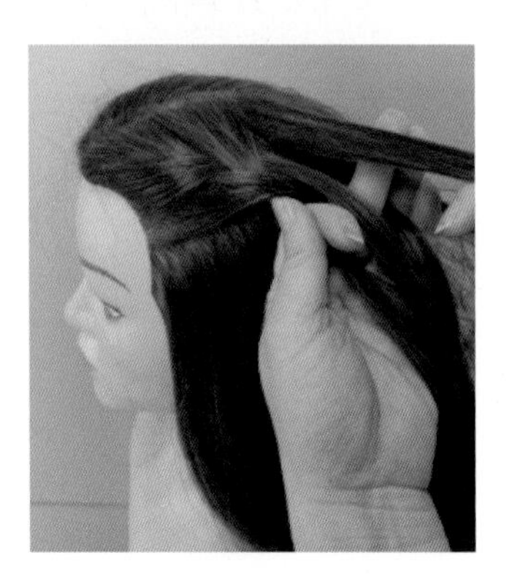

7 세 가닥으로 나누어진 모발에서 가운데에 T.P 부분의 모발을 가지고 와서 합친다.

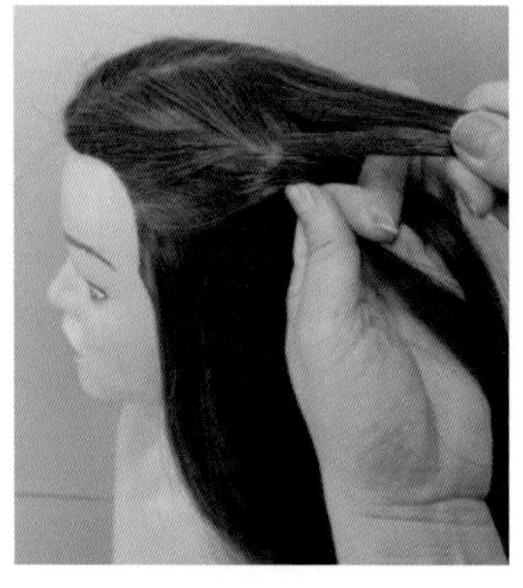

8 가운데 합친 모발을 가지고 반대편 모발의 약지 아래로 넣는다.

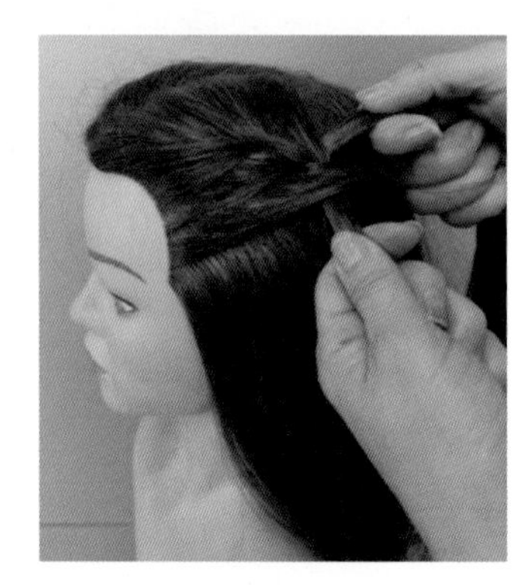

9 끌어온 모발과 합쳐진 모발을 엄지와 검지가 잡고 반대편 엄지 사이로 중지가 들어간다.

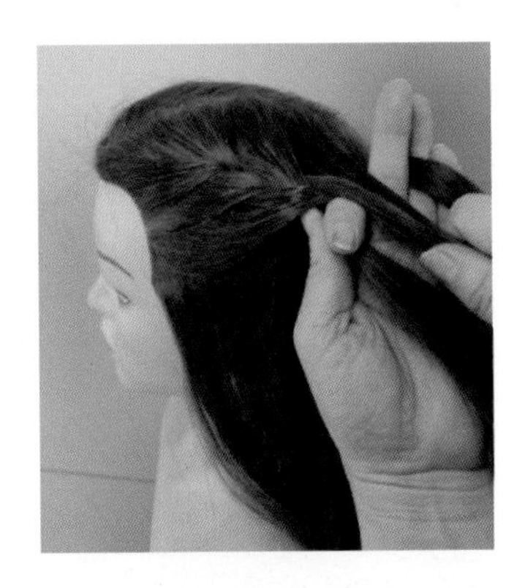

10 사진과 같이 손바닥이 보이면서 엄지와 검지는 모발의 다발을 잡아 주며 반대편 중지 사이로 들어간다.

11 반복하여 양편에서 끌어온 모발을 중간에 합치면서 반대편 중지 사이로 들어간다.

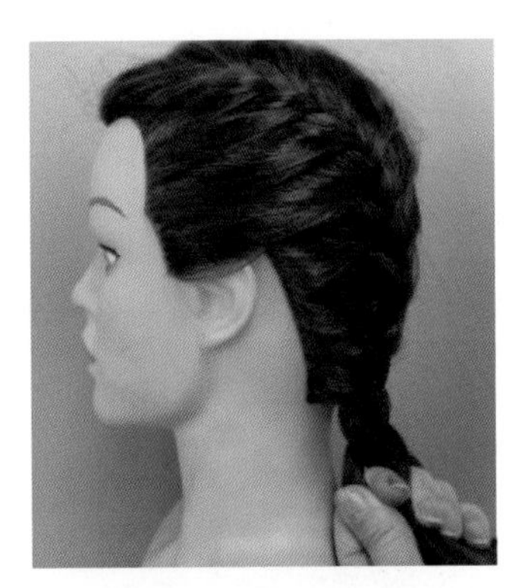

12 네이프 아랫부분은 들뜨기 쉽기 때문에 두피 쪽에 손을 밀착시키고 땋는다.

13 마지막 모두 땋은 후 꼬리빗을 이용하여 백콤을 넣는다.

14 네이프 부분이 들뜨기 쉽기 때문에 손을 밀착하여 주의한다.

15 양쪽 모두 세 가닥 양편 끌어 안땋기

(2) 세 가닥 양편 끌어 겉땋기(under braid)

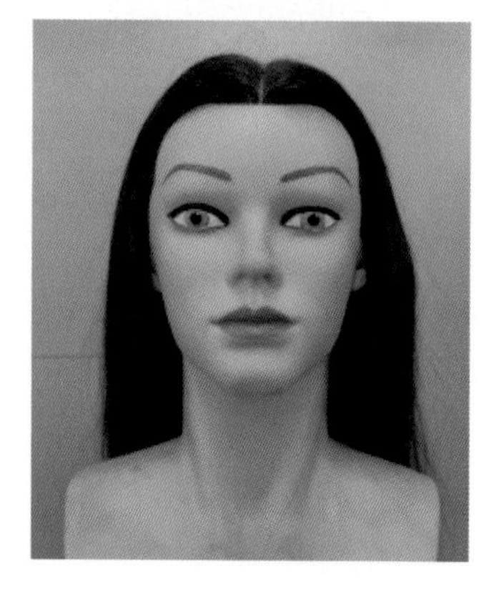

1. 한쪽 모발 땋기 전 사진

2 C.P로부터 5~6cm 정도에서 F.S.P로 사선으로 나눈다.

3 모발의 양을 세 갈래로 나눈다.

4 세 가닥으로 나누고 가운데 모발을 엄지와 검지로 잡아 위로 들어 올린다.

5 가운데에서 가지고 온 모발을 두 갈래 남은 모발 사이로 아래에서 위로 향해 중지를 넣는다.

6 처음시작 할때는 다시 오른손 엄지와 검지로 가운데 모발 다발을 가지고 온다.

7 오른손의 잡고 있는 모발을 가운데로 넣을 준비를 한다.

8 7번의 모발 다발을 잡은 왼손의 중지가 위를 향하여 들어간다.

9 사이드 쪽에 있는 모발을 오른손 엄지와 검지로 잡고 오른쪽에서 가운데로 들어간다.

10 네이프 부분은 들뜨기 쉽기 때문에 손등을 두피에 밀착하여 땋는다.

11 끝부부까지 들뜨지 않도록 하며 손가락으로 텐션을 유지한다.

12 마지막까지 땋을 때는 모량을 동일하게 끌고 와서 땋는다.

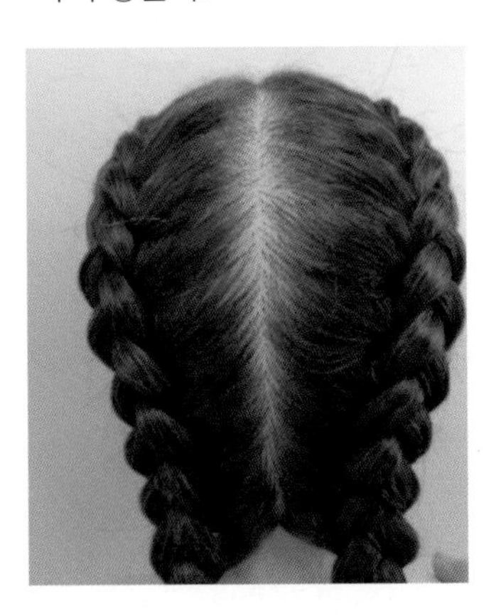

13 양쪽으로 균형을 맞추면서 모량을 모두 동일하게 가지고 온다.

14 사이드와 백사이드는 사선이면서 전대각 형태로 아래에서 위로 끌고 온다.

15 겉땋기 양쪽 완성 본

PART 05

HAIR COLORING

업스타일 디자인

1. 심플 업스타일

1) 볼륨 업스타일

1 브로킹: 백은 하나로 잡는다.

2 브로킹: 앞부분은 가운데 가르마로 한다.

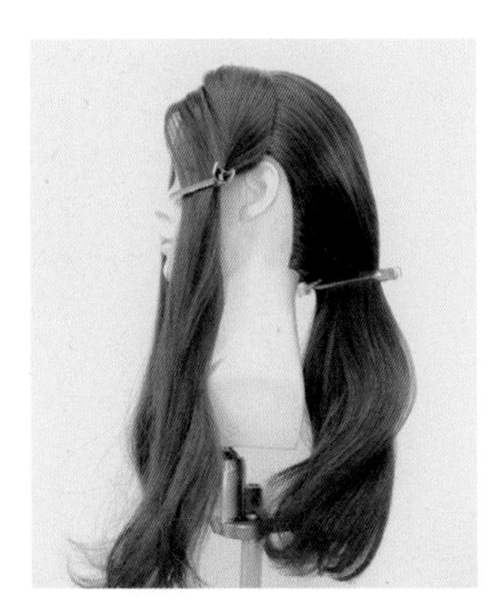

3 브로킹: 옆 부분은 E.B.P까지 나눈다.

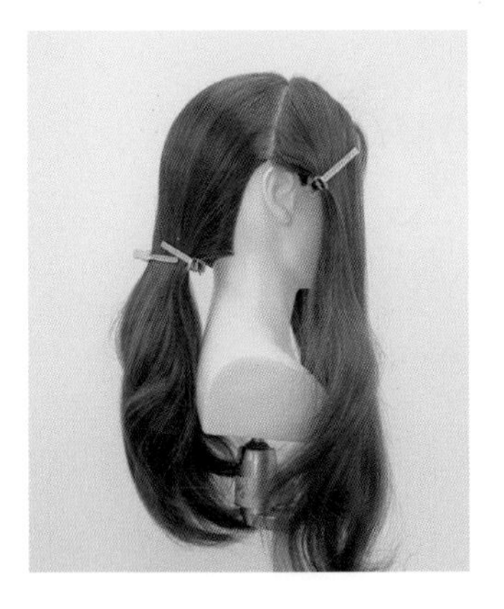

4 브로킹: 옆 부분은 E.B.P까지 나눈다.

5 백 부분을 G.P 지점에서 나눈다.

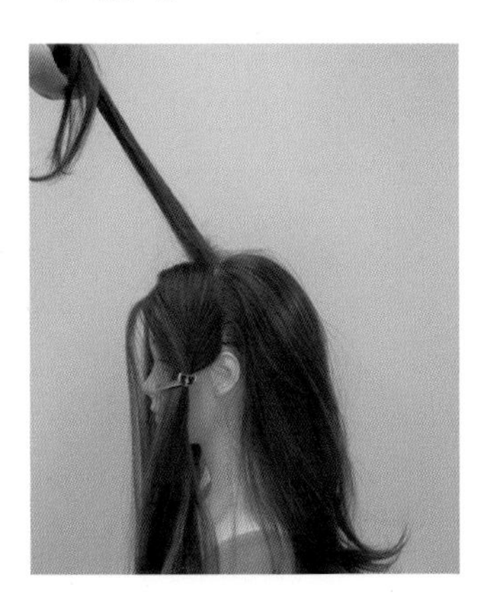

6 톱 부분부터 백콤 한다.

7 두상에서 90도가 되도록 모발을 위로 잡는다.

8 두피 부분에 볼륨감이 생기도록 백콤 한다. (3. 백콤 / 1) 기본 뿌리 볼륨 백콤: 꼬리빗 사용. 참고)

9 양쪽을 동일하게 작업한다.

10 두피 부분에 모발이 모여 볼륨감이 형성되었다.

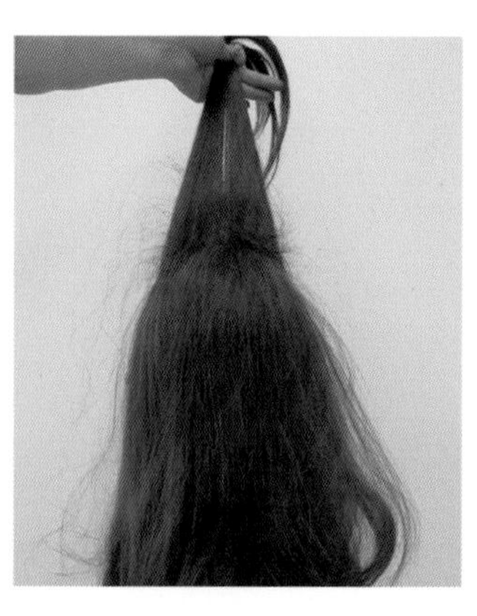

11 양쪽을 같이 잡고 백콤 해준다.

12 볼륨이 형성된 모양이다.

13 아래쪽으로 백콤 작업을 한다. 가운데 부분을 먼저 작업한다.

14 모발이 균일하게 백콤 되도록 한다.

15 양쪽 부분도 작업한다.

16 두상에서 90도가 되도록 모발을 위로 잡는다.

17 동일한 양으로 백콤 되게 한다.

18 G.P 지점까지 백콤 되었다.

19 백콤 한 모발을 아래로 내린다.

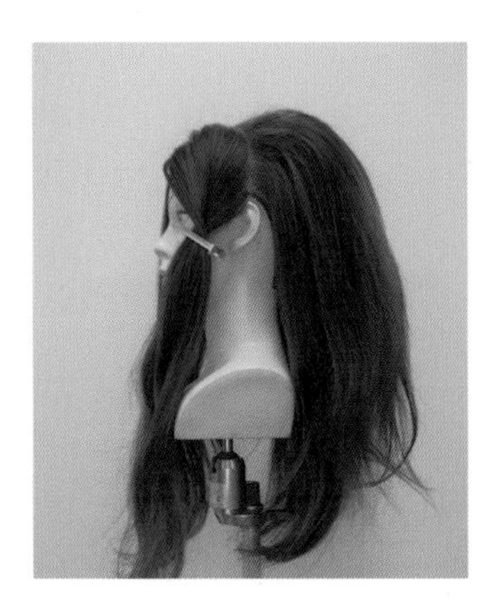

20 볼륨이 형성된 모양이다.

21 돈모빗으로 빗어서 결을 정리한다.

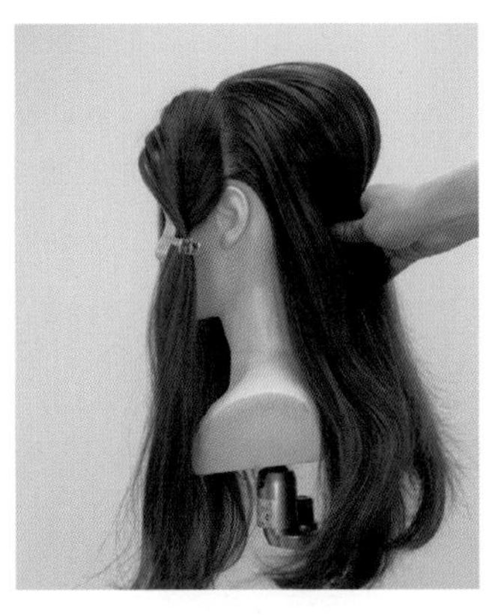

22 볼륨이 형성될 모양을 손으로 잡아 준다.

23 손의 위치에 실핀을 꽂아 고정시켜 토대를 만든다. (5. 핀 사용법 / 1) 토대 만드는 핀꽂기. 참고)

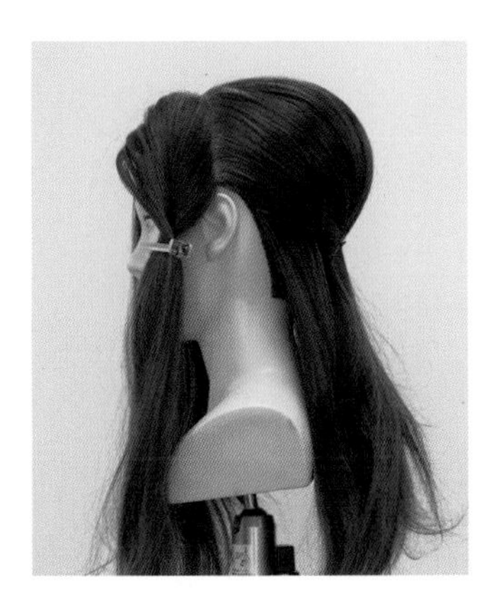

24 핀을 꽂아 백 부분에 볼륨이 잡힌 모습이다.

25 오른쪽 사이드는 F.S.P에서 나눈다.

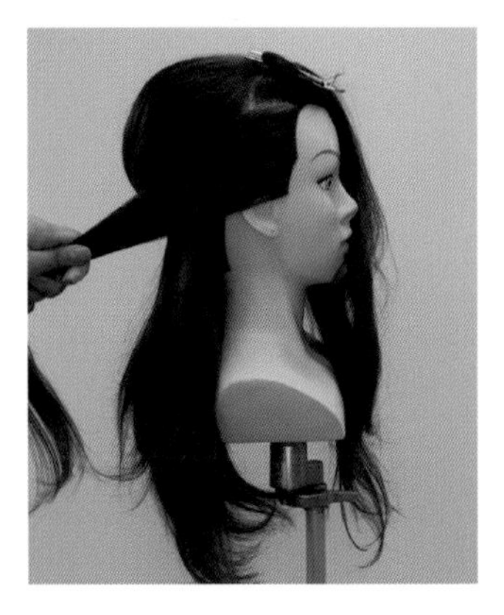

26 나눈 모발을 뒤쪽으로 당겨 빗질한다.

27 토대 부분에 실핀을 꽂아 고정한다.

28 왼쪽 사이드도 F.S.P에서 나눈다.

29 나눈 모발을 뒤쪽으로 당겨 빗질한다.

30 토대 부분까지 당겨 준다.

31 토대 부분에 실핀을 꽂아 고정한다.

32 토대 아랫부분에서 뒤쪽 모발 전체를 묶어 준다.

33 묶인 모발을 위로 올려서 부분 고정 방법 (4. 머리 묶는 법 / 4) 부분 고정 묶기. 참고)으로 고무줄을 이용하여 고정한다.

34 싱을 고무줄 묶인 부분 위에 위치한다.

35 실핀을 이용하여 고정한다. (5. 핀 사용법 / 3) 싱 고정하기

36 묶인 모발을 2/3만 아래로 내려 준다.

37 내린 모발의 아랫 부분에 백콤을 모발 길이의 1/2 정도 한다.

38 아래로 내려 펼쳐 준다.

39 나머지 묶인 모발도 내려 준다.

40 잘 펼쳐 준다.

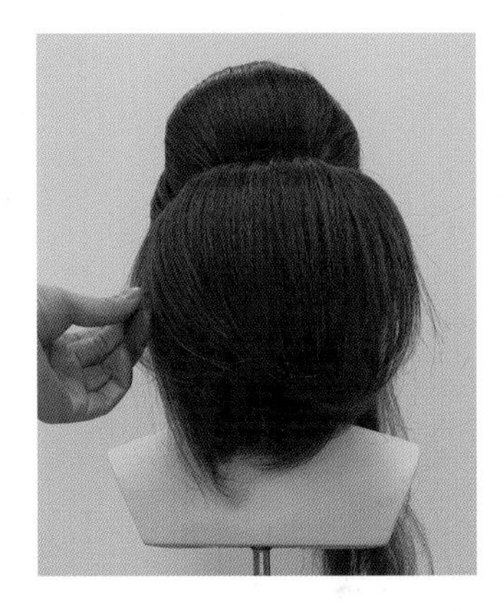

41 양쪽 끝까지 넓게 펼쳐 준다.

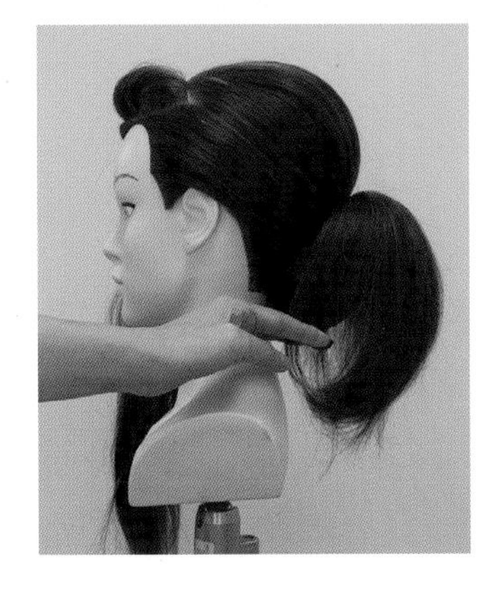

42 끝 쪽 모발을 손으로 잡아서 싱을 감싸 준다.

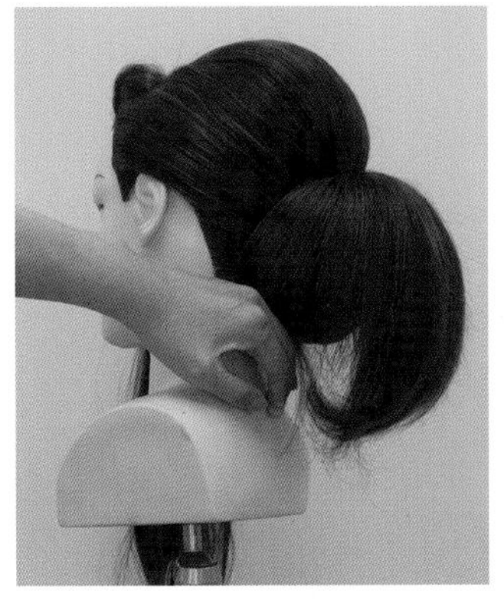

43 손으로 모발 면을 잡아 아래쪽까지 감싸 준다.

44 U핀 대를 이용하여 아래 부분에 감싼 모발을 고정한다.

45 반대쪽도 동일하게 작업한다.

46 가운데 모발도 동일하게 작업한다. U핀 대를 이용하여 고정한다.

47 앞머리에서 가르마 부분의 모발을 조금 삼각형 모양으로 남기고 잡는다.

48 아래쪽으로 빗질하여 옆머리로 형성될 위치에서 손으로 잡는다.

49 귀 부분에서 모발을 꺾어 뒤쪽으로 당겨 준다.

50 패널의 아래쪽을 조금씩 당겨 귀를 덮도록 모양을 만든다. (6. 기본 스타일 테크닉 / 6) 사이드 C 모양 만드는 손의 위치. 참고)

51 모양이 정해지면 핀셋을 꽂아 임의 고정한다. 윗부분이 들뜨지 않도록 핀셋으로 잡아 주었다.

52 패널 아래 모발은 뒷부분으로 넘겨 준다.

53 가르마 부분의 모발은 C의 형태로 모양을 만들고 스프레이로 고정한다.

54 핀셋으로 임의 고정한다.

55 남은 패널 모발은 옆머리 형태를 따라 돌려준다.

56 모선 쪽 모발은 뒤로 넘겨 준다.

57 왼쪽 사이드 모양이 작업되었다.

58 뒤로 넘겨진 모발을 빗질하여 정리한다.

59 가운데에서 핀셋으로 모발을 고정하고 반대 방향으로 넘겨준다.

60 오른쪽 사이드도 같은 방식으로 모양을 만든다.

61 삼각형으로 남긴 부분에 C 모양으로 볼륨을 잡아 준다.

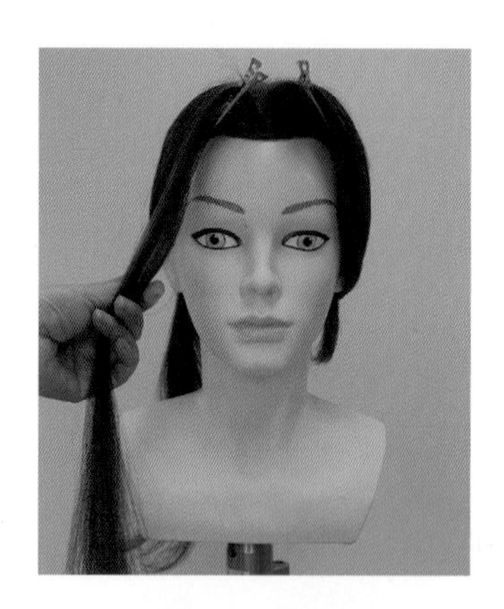

62 남은 패널 모발을 빗질한다.

63 남은 패널 모발은 옆머리 형태를 따라 돌려준다.

64 왼쪽 사이드 모양이 작업되었다.

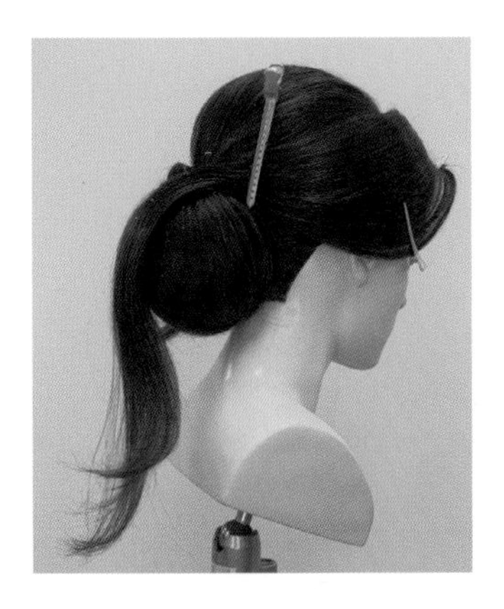

65 남은 모발은 뒤쪽 가운데 부분으로 보내 모아 준다.

66 가운데에서 핀셋으로 모발을 고정하고 반대 방향으로 넘겨준다.

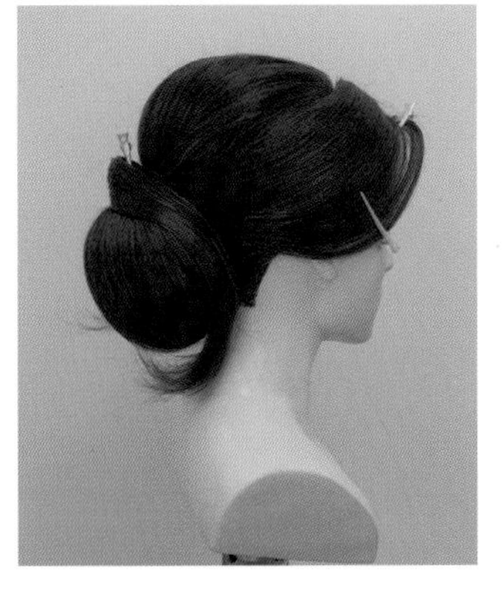

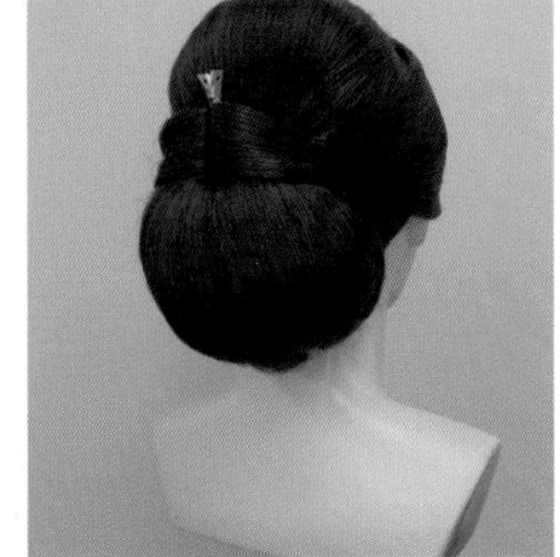

67 모아진 가운데 부분에 핀셋을 꽂아 임의 고정하고, 나머지 모발은 싱의 가장자리 선을 따라 감싸 준다.

68 반대쪽도 동일하게 한다.

69 모양이 완성된 형태이다.

70 임의 고정한 핀셋을 빼고 U핀과 실핀 등을 이용하여 고정한다. 꺾이는 부분에 고정하여 모양이 풀리지 않도록 한다. 핀은 되도록 밖으로 보이지 않도록 한다.

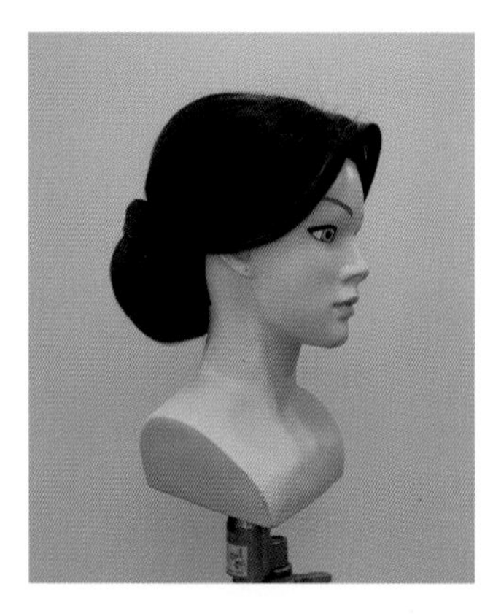

71 스프레이를 사용하여 고정력을 높여 준다.

완성 1

완성 2

완성 3

2) 리본 업스타일

1 브로킹: 백은 G.P 약간 윗부분에서 나누어 하나로 잡는다.

2 브로킹: 옆 부분은 E.B.P까지 사선으로 나눈다.

3 브로킹: 옆 부분은 E.B.P까지 나눈다. 앞머리는 F.S.P에서 하나로 구획한다.

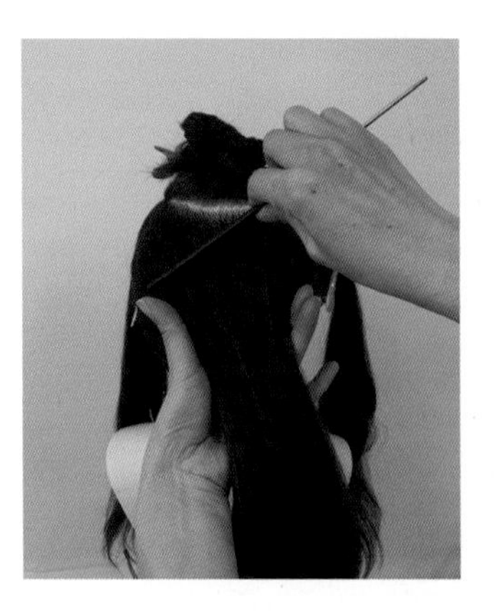

4 백 부분을 묶을 부분에 손을 대고 빗질한다.

5 두피부터 꼼꼼하게 빗질해 준다.

6 모발을 하나로 묶는다. (4. 머리 묶는 법 / 1) 기본 하나로 묶기. 참고)

7 가로로 긴 싱을 준비한다.

8 묶은 모발 끝의 아래에 싱을 위치한다.

9 텐션 있게 돌돌 말아 준다.

10 끝까지 말아 주고 U핀 대를 이용하여 싱을 고정해 준다. (5. 핀 사용법 / 3) 싱 고정하기. 참고)

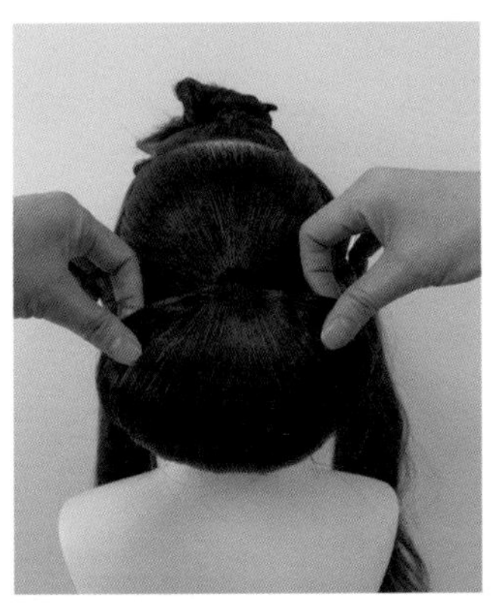

11 모발을 펼쳐 준다.

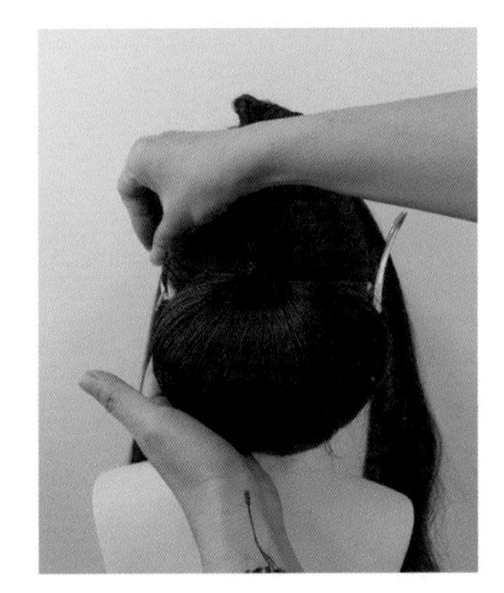

12 잘 빗질하여 모발을 깨끗하게 보이게 한다.

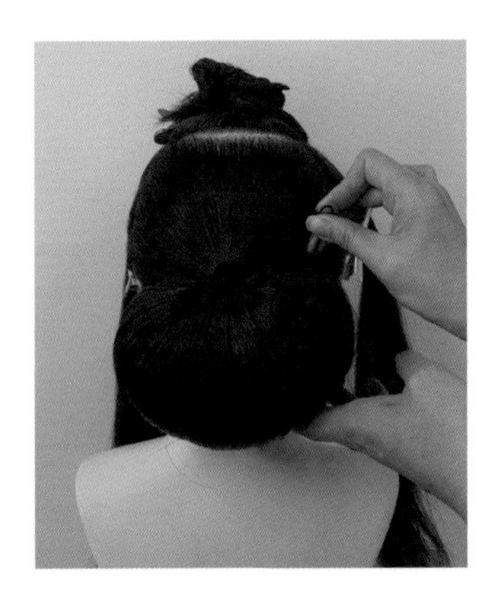

13 모양이 잡히면 스프레이를 뿌리고 U핀을 이용하여 모발 가장자리를 고정해 준다.

14 양쪽을 모두 고정해 준다.

15 톱 부분의 모발에 백콤 해 준다.

16 두피 부분에 볼륨이 형성되도록 한다.

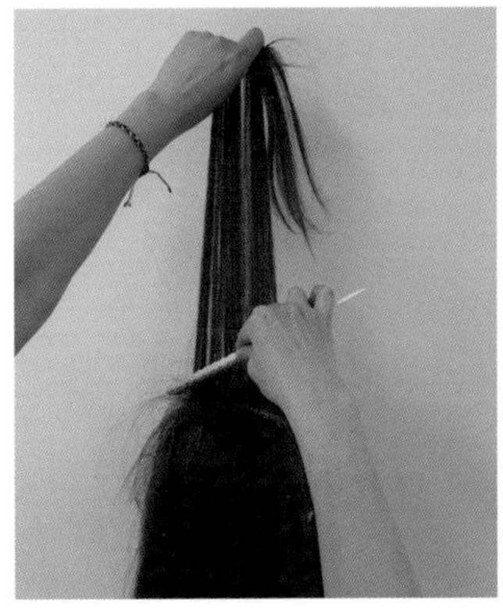

17 두상의 모양대로 백콤 한다.

18 이마 부분까지 톱 부분 전체의 모발을 백콤 하였다.

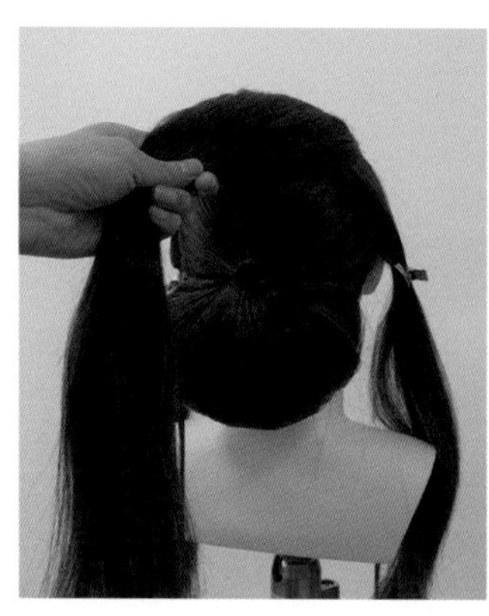

19 뒤쪽 방향으로 돈모를 이용하여 표면을 잘 빗어 준다.

20 모발이 묶인 부분까지 앞쪽 모발을 가지고 온다.

21 묶인 부분 바로 위에 실핀을 이용하여 모발을 고정한다. 핀을 꽂을 때 사진과 같이 모발을 꺾어서 고정한다.

22 사이드 모발을 뒤쪽으로 빗질한다.

23 귀가 보일 수 있도록 형태를 잡아주고 핀셋을 이용하여 임의 고정한다.

24 양쪽 사이드를 동일하게 작업하여 실핀으로 고정한 부분까지 모발을 가지고 온다.

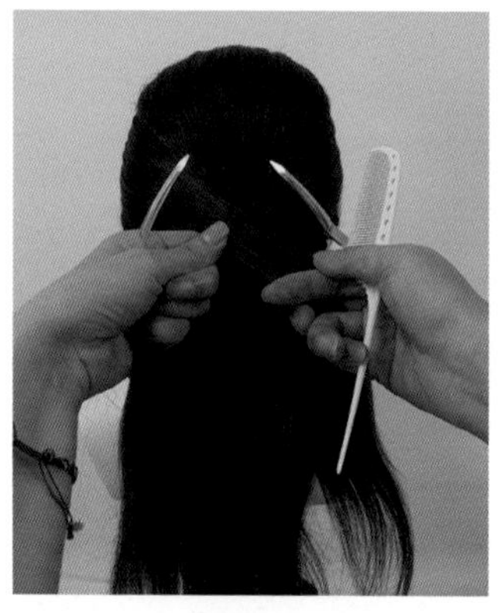

25 사이드로부터 온 모발을 교차하여 잡는다.

26 하나로 묶어 준다.

27 묶은 모발을 전체적으로 백콤 한다.

28 반대쪽도 동일하게 작업한다.

29 톱 모발의 아랫 부분을 교하여 잡는다. 사이드에서 온 모발은 위로 올려 두었다.

30 싱 부분의 가장자리 방향으로 넘겨준다.

31 잘 펼쳐서 가장자리부터 감싸 준다.

32 가운데 부분도 잘 감싸 준다. 감싸고 남은 모발 끝부분은 가장자리에서 싱 안쪽으로 넣어 실핀으로 고정해서 잘 보이지 않도록 정리한다.

33 스프레이를 이용하여 고정한다.

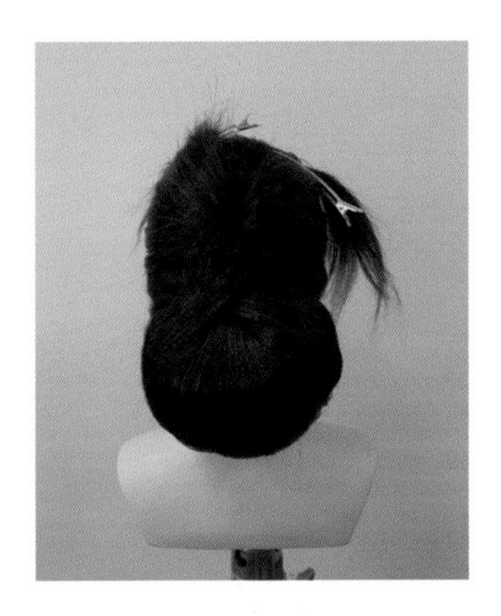

34 네이프 부분이 정리된 형태이다.

35 사이드에서 온 백콤을 넣어 두었던 모발을 내린다. 가운데 부분의 모발을 조금 뺀다.

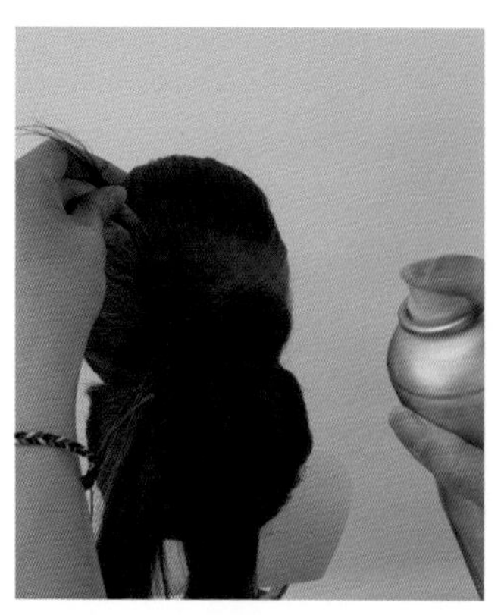

36 묶은 고무줄 부분을 가리며 돌려주고 스프레이를 뿌려 고정한다. 마무리는 실핀으로 한다. (6. 기본 업스타일 테크닉 / 5) 모발 끝부분 정리. 참고)

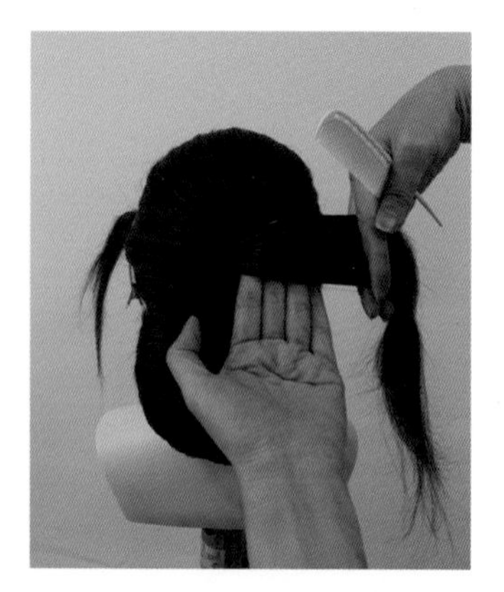

37 백콤 된 모발의 표면을 살짝 빗어 결을 정리한다. 오른쪽 모발의 묶인 부분 쪽에 손을 대로 위쪽으로 올려 볼륨감을 잡아 준다.

38 리본의 크기를 정하기 위해 손가락으로 크기를 만들 부분을 본다.

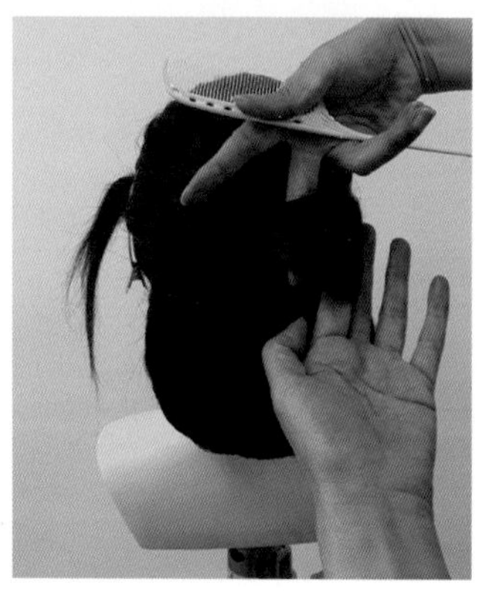

39 크기가 정해지면 그 부분에서 꺾어 안쪽으로 말아 준다.

40 아래쪽에 실핀을 꽂아 고정하고 볼륨이 있어야 되는 부분에는 핀셋을 꽂아 임의 고정 후 스프레이를 뿌린다.

41 반대쪽도 동일하게 작업한다.

42 리본의 크기가 비슷하게 되었는지 확인하고 정리해 준다.

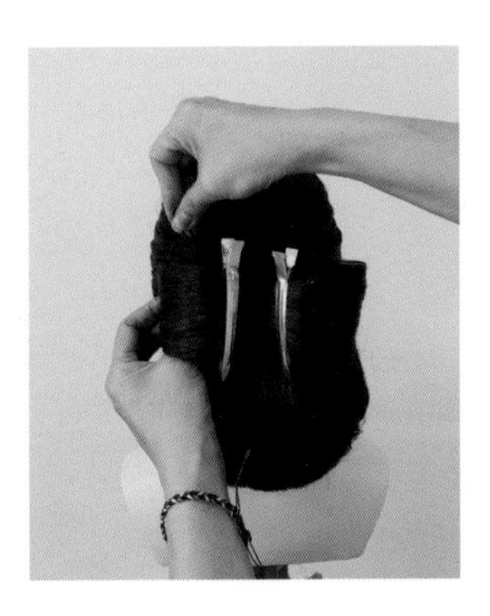

43 고정될 부분에 U핀과 실핀을 이용하여 꽂아 준다. (5.핀 사용법 / 3) 기본 U핀 꽂기. 참고)

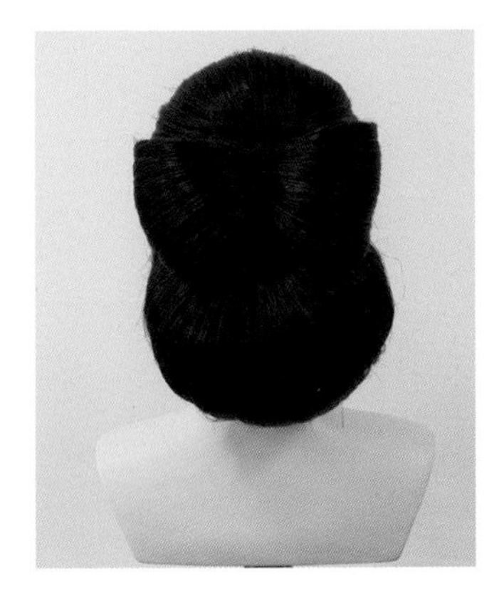

완성 1

완성 2

완성 3

3) 볼륨 소라 디테일 업스타일

1 브로킹: 백은 하나로 잡는다.

2 브로킹: 앞부분은 가운데 가르마로 한다.

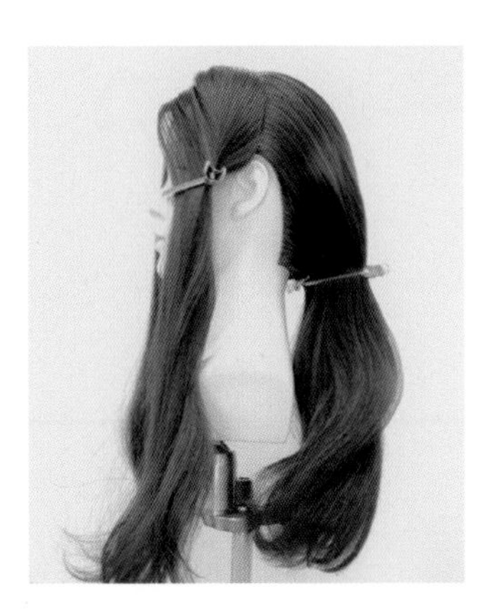

3 브로킹: 옆 부분은 E.B.P까지 나눈다.

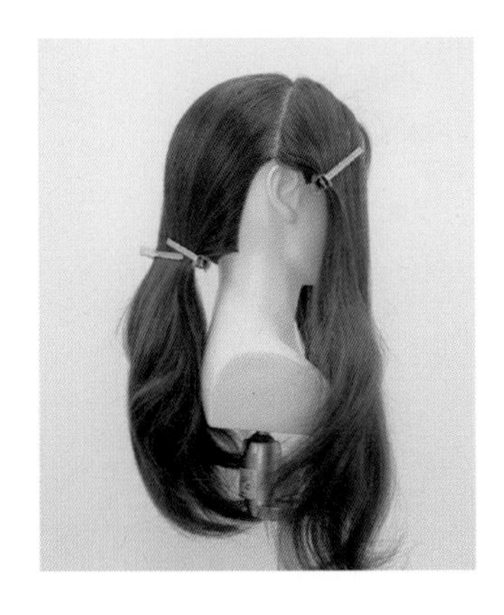

4 브로킹: 옆 부분은 E.B.P까지 나눈다.

5 백 부분을 G.P 지점에서 나눈다.

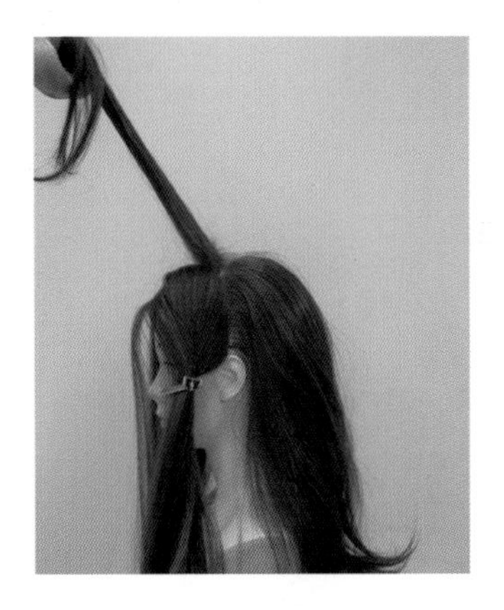

6 톱 부분부터 백콤 한다.

7 두상에서 90도가 되도록 모발을 위로 잡는다.

8 두피 부분에 볼륨감이 생기도록 백콤 한다. (3. 백콤 / 1) 기본 뿌리 볼륨 백콤: 꼬리빗 사용. 참고)

9 양쪽을 동일하게 작업한다.

10 두피 부분에 모발이 모여 볼륨감이 형성되었다.

11 양쪽을 같이 잡고 백콤 해 준다.

12 볼륨이 형성된 모양이다.

13 아래쪽으로 백콤 작업한다. 가운데 부분을 먼저 작업한다.

14 모발이 균일하게 백콤 되도록 한다.

15 양쪽 부분도 작업한다.

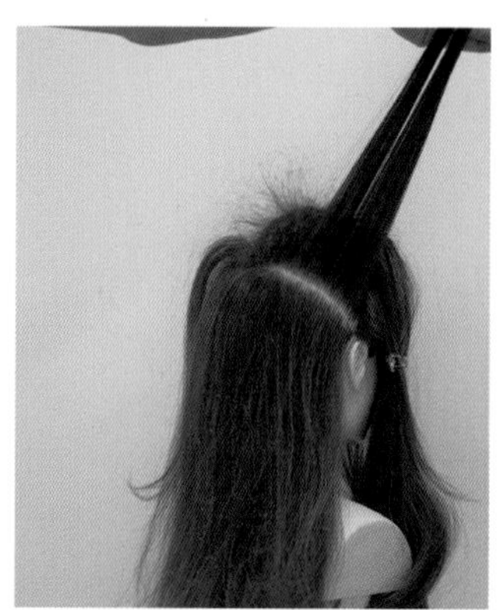

16 두상에서 90도가 되도록 모발을 위로 잡는다.

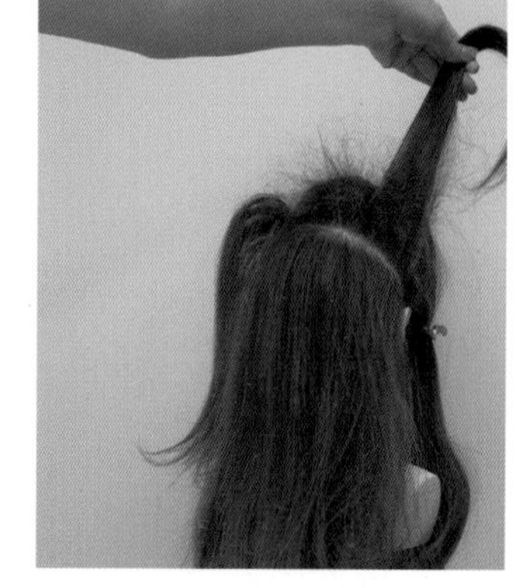

17 동일한 양으로 백콤 되게 한다.

18 G.P 지점까지 백콤 되었다.

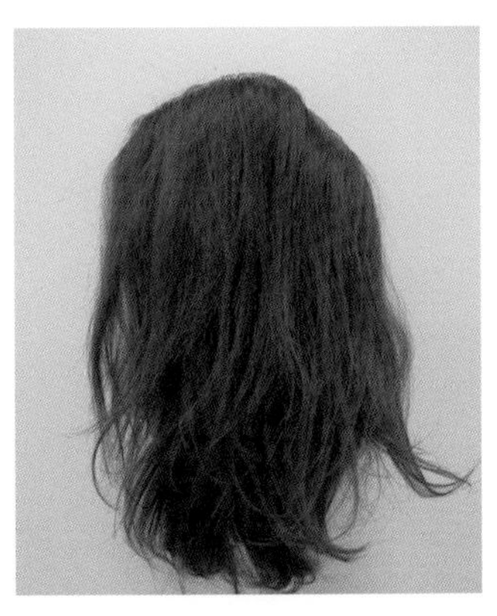

19 백콤 한 모발을 아래로 내린다.

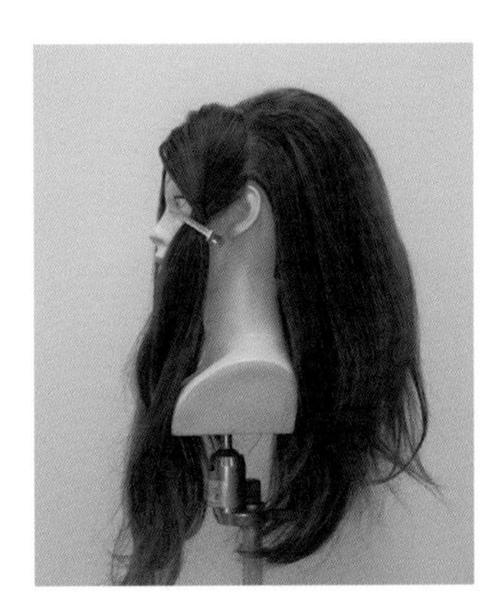

20 볼륨이 형성된 모양이다.

21 돈모빗으로 빗어서 결을 정리한다.

22 볼륨이 형성될 모양을 손으로 잡아 준다.

23 손의 위치에 실핀을 꽂아 고정시켜 토대를 만든다. (5. 핀 사용법 / 1) 토대 만드는 핀 꽂기. 참고)

24 핀을 꽂아 백 부분에 볼륨이 잡힌 모습이다.

25 오른쪽 사이드는 F.S.P에서 나눈다.

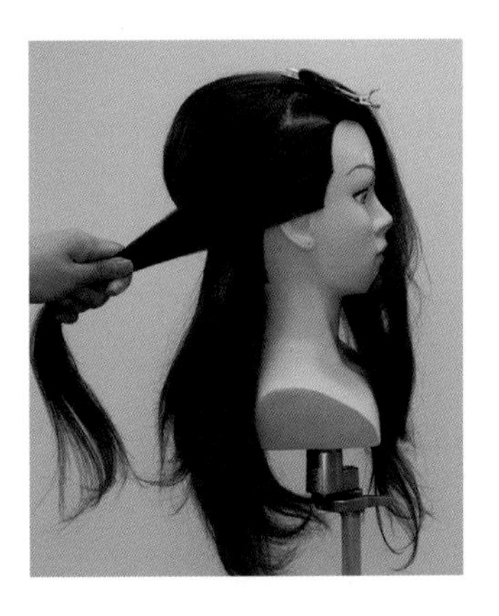

26 나눈 모발을 뒤쪽으로 당겨 빗질한다.

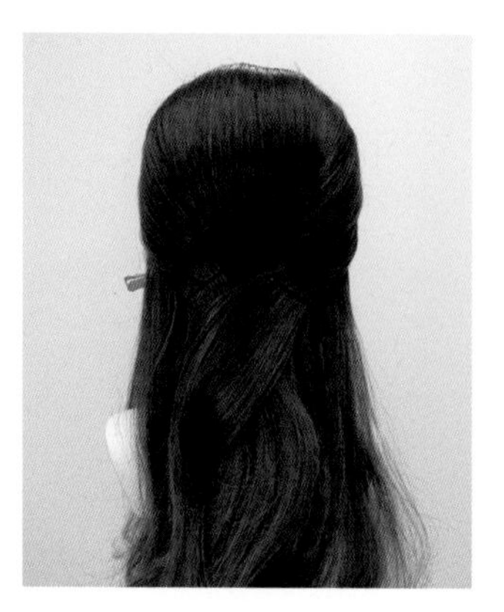

27 토대 부분에 실핀을 꽂아 고정한다.

28 왼쪽 사이드도 F.S.P에서 나눈다.

29 나눈 모발을 뒤쪽으로 당겨 빗질한다.

30 토대 부분까지 당겨 준다.

31 토대 부분에 실핀을 꽂아 고정한다.

32 토대 아랫부분에서 뒤쪽 모발 전체를 묶어 준다.

33 묶인 모발을 위로 올려서 부분 고정 방법(4. 머리 묶는 법 / 4) 부분 고정 묶기. 참고)으로 고무줄을 이용하여 고정한다.

34 싱을 고무줄 묶인 부분 위에 위치한다.

35 실핀을 이용하여 고정한다. (5. 핀 사용법 / 3) 싱 고정하기. 참고)

36 묶인 모발을 2/3만 아래로 내려 준다.

37 내린 모발의 아랫부분에 백콤을 모발 길이의 1/2 정도 한다.

38 아래로 내려 펼쳐 준다.

39 나머지 묶인 모발도 내려 준다.

40 잘 펼쳐 준다.

41 양쪽 끝까지 넓게 펼쳐 준다.

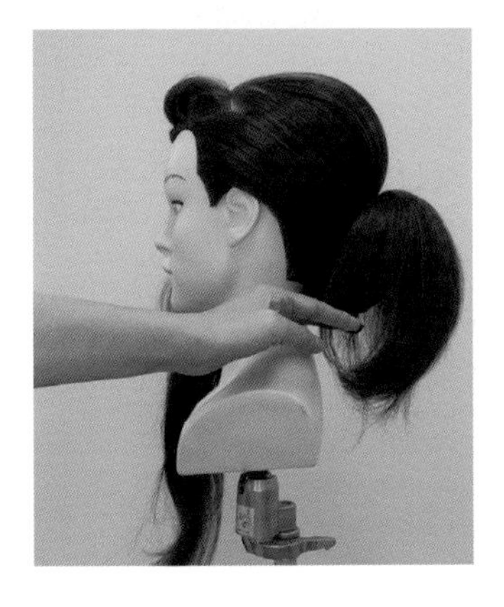

42 끝 쪽 모발을 손으로 잡아서 싱을 감싸 준다.

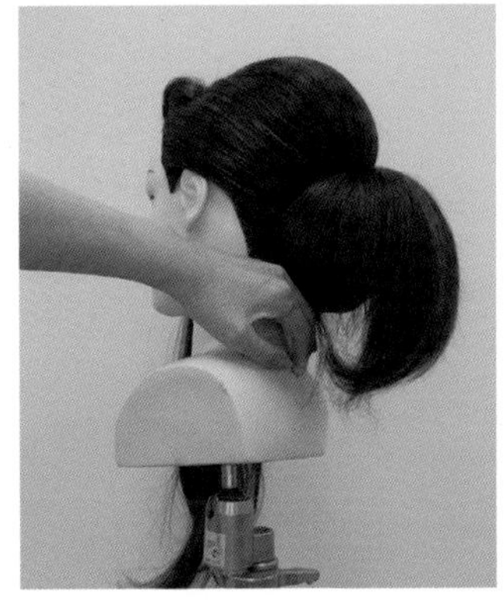

43 손으로 모발 면을 잡아 아래쪽까지 감싸 준다.

44 U핀 대를 이용하여 아래 부분에 감싼 모발을 고정한다.

45 반대쪽도 동일하게 작업한다.

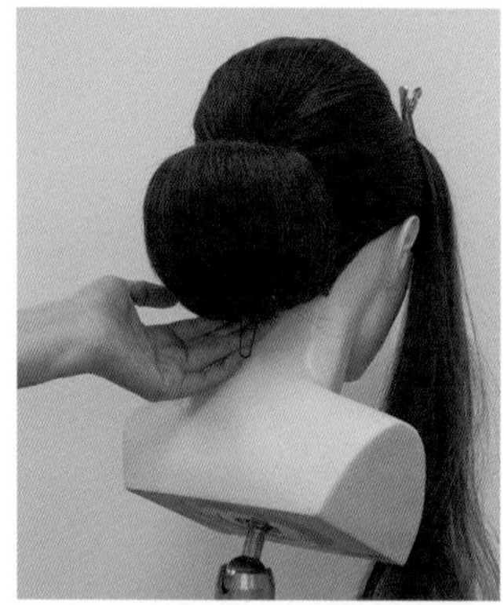

46 가운데 모발도 동일하게 작업한다. U핀 대를 이용하여 고정하였다.

47 앞머리에서 가르마 부분의 모발을 조금 삼각형 모양으로 남기고 잡는다.

48 아래쪽으로 빗질하여 옆머리로 형성될 위치에서 손으로 잡는다.

49 귀 부분에서 모발을 꺾어 뒤쪽으로 당겨 준다.

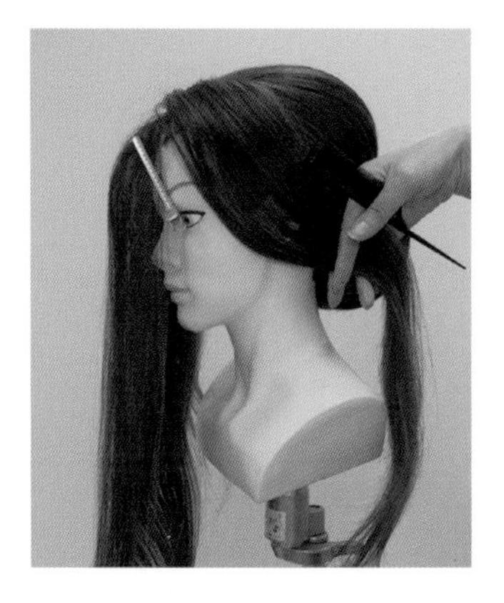

50 패널의 아래쪽을 조금씩 당겨 귀를 덮도록 모양을 만든다. (6. 기본 업스타일 테크닉 / 6) 사이드 C 모양 만드는 손의 위치. 참고)

51 모양이 정해지면 핀셋을 꽂아 임의 고정한다. 윗부분이 들뜨지 않도록 핀셋으로 잡아 주었다.

52 패널 아래 모발은 뒤 부분으로 넘겨준다.

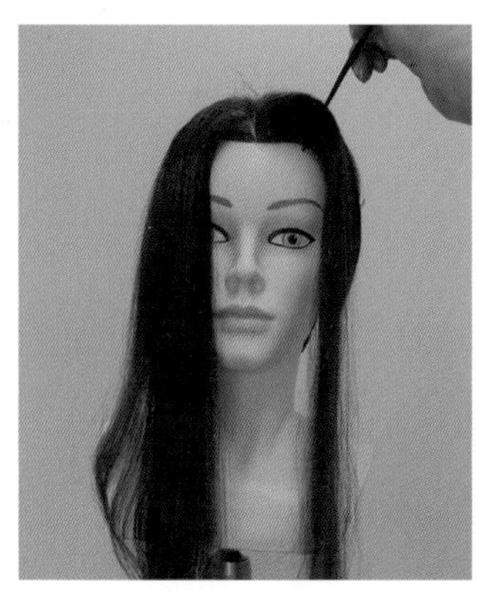

53 가르마 부분의 모발은 C의 형태로 모양을 만들고 스프레이로 고정한다.

54 핀셋으로 임의 고정한다.

55 남은 패널 모발은 옆머리 형태를 따라 돌려준다.

56 모선 쪽 모발은 뒤로 넘겨준다.

57 왼쪽 사이드 모양이 작업되었다.

58 뒤로 넘겨진 왼쪽 사이드 모발을 빗질하여 정리한다.

59 넘겨진 모발을 5개의 가닥으로 나눈다.

60 왼쪽 부분의 모발 한 가닥을 잡아서 원의 형태로 돌려준다. (6. 기본 업스타일 테크닉 / 8) 원 모양 만드는 손의 위치. 참고)

61 원의 형태로 만들고 남은 모발은 아래쪽으로 C의 모양으로 만들어 준다. 원 부분을 핀셋으로 임의 고정한다. 스프레이를 뿌려 준다.

62 다음 가닥은 첫 번째 가닥의 C 모양을 따라 간격을 두고 형태를 만든다.

63 아래쪽까지 내려가게 한 후, 남는 모발 끝은 실핀으로 심 부분에 넣어서 고정한다.

64 다음도 동일하게 진행한다.

65 모든 가닥을 동일하게 진행한다. 간격이 비슷하게 되어 있는지 확인한다.

66 모양은 핀셋으로 임의 고정하고 스프레이를 뿌린다.

67 뒤로 넘겨진 오른쪽 사이드 모발을 하나로 잡는다.

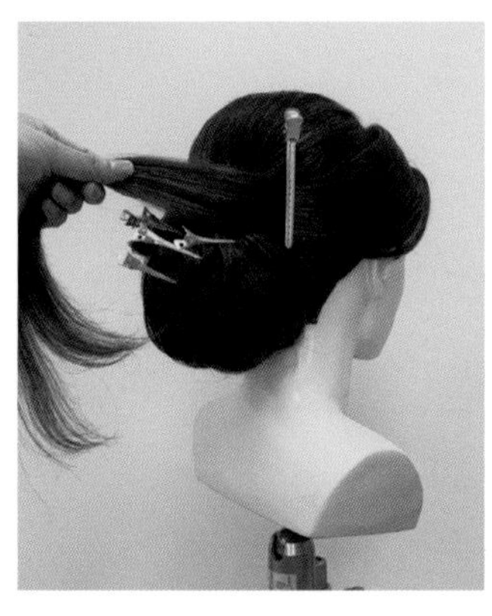

68 코너 부분에 핀셋으로 잡는다.

69 핀셋으로 잡은 부분에서 모발을 얇게 잡아 주고 S 모양이 되도록 손으로 형태를 만든다.

70 핀셋으로 임의 고정한다.

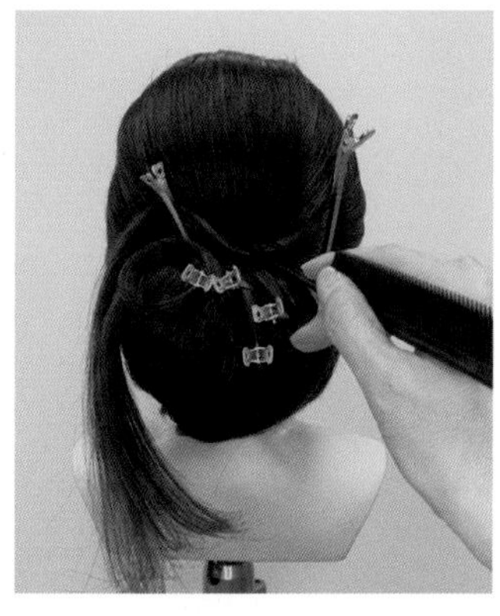

71 꼬리 부분으로 S 형태가 부각되도록 모양의 윗부분을 눌러 주고 스프레이 작업한다.

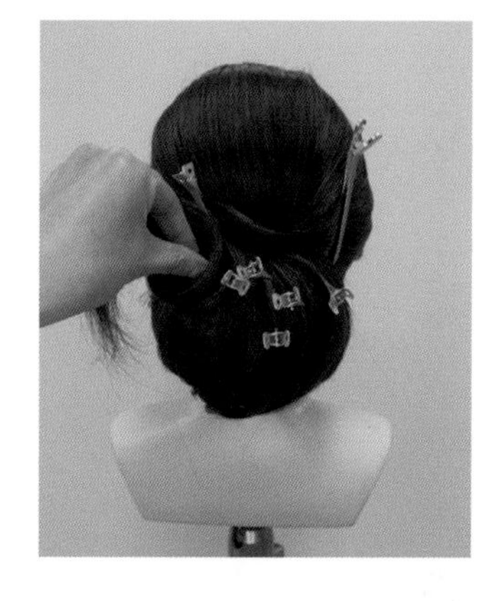

72 패널의 아래쪽 모발은 이전에 원 모양으로 만들었던 부분으로 가지고 와서 원 모양을 따라 형태를 만든다.

73 핀셋으로 임의 고정 후 스프레이 작업한다. 모양이 결정된 부분에만 스프레이를 조금 분사한다.

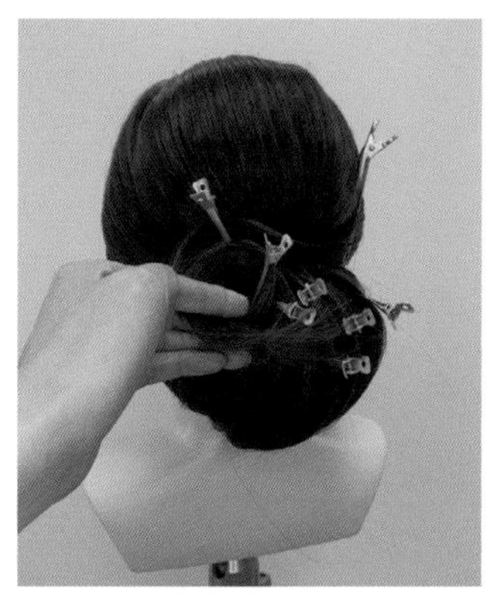

74 나머지 모발 끝부분은 계속 안쪽 방향으로 원 모양을 만들어 준다.

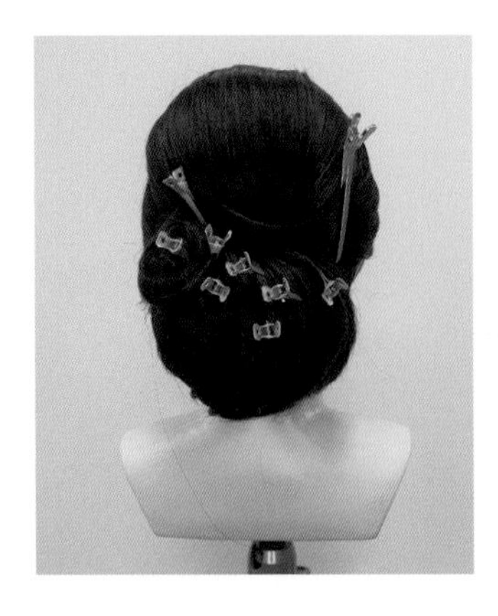

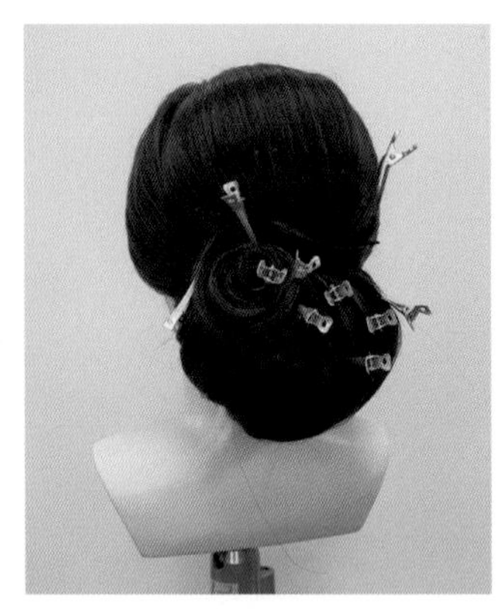

75 전체적으로 모양이 밸런스가 맞는지 확인한다.

76 핀컬핀이 있던 자리에 U핀과 보비핀으로 고정하면서 핀컬핀을 제거한다. (5.핀사용법 / 4)기본 U핀 꽂기, 5) 기본 U핀(小) 꽂기. 참고)

완성 1

완성 2

완성 3

4) 소라형 업스타일

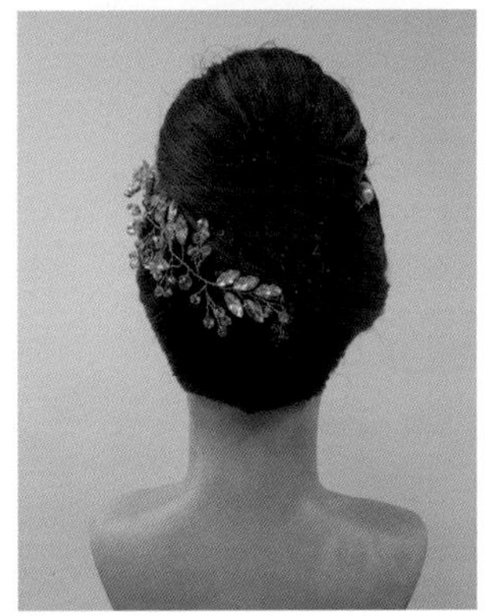

1 브로킹: 백은 B.P 부분에서 V 모양의 삼각형으로 나눈다.

2 브로킹: 앞부분은 왼쪽 가르마로 한다.

3 브로킹: 옆 부분은 E.B.P까지 나눈다.

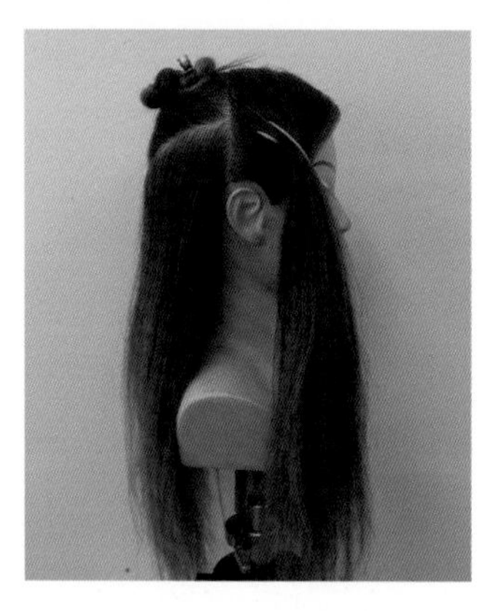

4 브로킹: 옆 부분은 E.B.P까지 나눈다.

5 백 V 모양 부분을 하나로 묶어 준다. 묶은 부분 5cm 윗부분을 또 묶어 준다.

6 묶은 모발을 위쪽으로 넘겨 준다.

7 두 번째 묶은 모발이 두피에 닿도록 핀셋으로 고정한다.

8 싱을 묶은 모발 위에 위치한다.

9 싱을 실핀으로 고정한다. (5. 핀 사용법 / 1) 싱 고정하기. 참고)

10 묶은 모발의 나머지 부분을 뒤쪽으로 내린다.

11 빗질하여 싱을 감쌀 수 있도록 잘 펼쳐 주고 모발 끝부분을 모아 잡는다.

12 모발 끝부분을 묶는다.

13 양쪽을 끌어내려 싱을 감싸 준다.

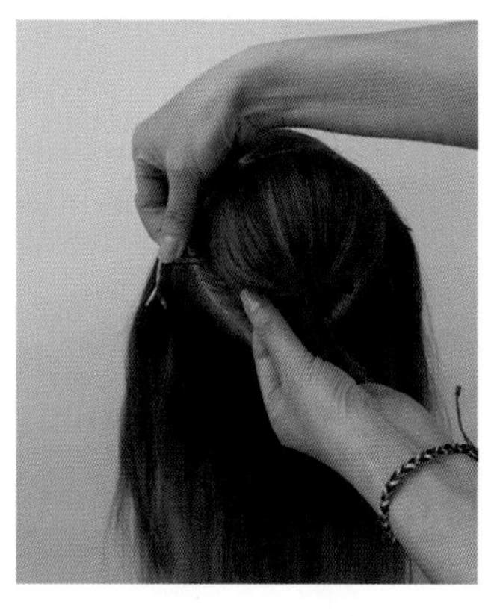

14 U핀으로 감싼 가장자리 부분을 고정하고 스프레이를 뿌린다.

15 남은 모발 끝은 백콤을 끝까지 한다.

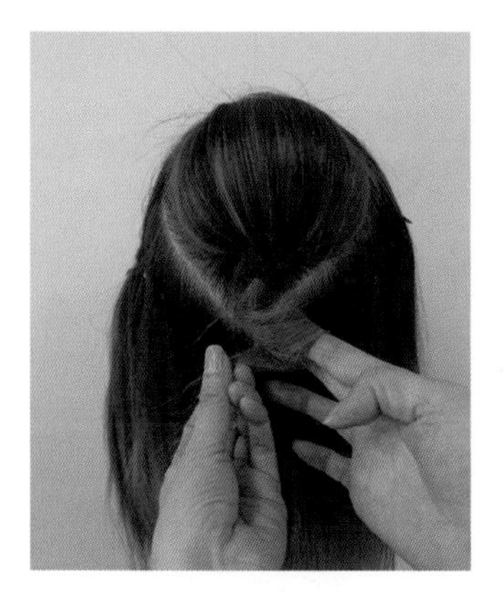

16 한 바퀴 돌려준다.

17 두피 부분에 실핀으로 고정한다.

18 V 모양의 아래쪽 부분은 사선 모양으로 2cm 정도씩 섹셔닝하여 두피 부분에 볼륨감이 형성되도록 백콤 한다. (3. 백콤 / 2) 기본 뿌리 볼륨 백콤: 돈모빗 사용. 참고)

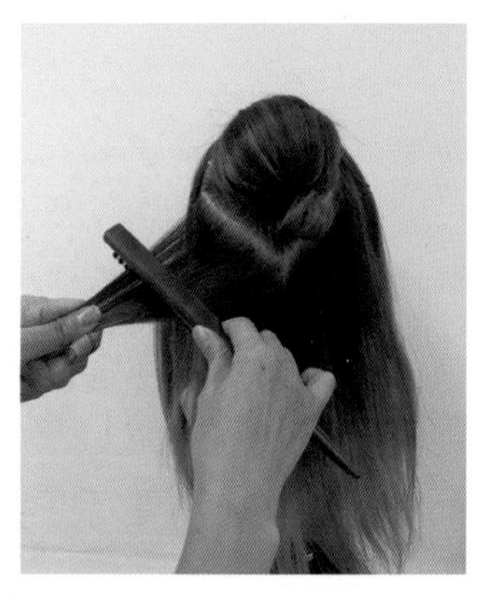

19 두피 부분으로 모발이 잘 모아지도록 꼭꼭 눌러서 빗질한다.

20 아래쪽으로 동일하게 작업한다.

21 네이프 끝까지 작업한다.

22 백콤이 끝나면 위쪽 방향으로 모발을 잡고 빗으로 표면을 정리하며 살살 빗어 결 정리를 한다.

23 결 정리가 되었으면 위쪽 싱이 있는 부분의 가장자리를 감싸면서 텐션 있게 돌려준다.

24 모발 끝은 실핀을 꽂아 돌려준다. (6. 기본 업스타일 테크닉 / 5) 모발 끝부분 정리. 참고)

25 두피를 긁듯이 하여 싱 부분에 넣어 고정한다.

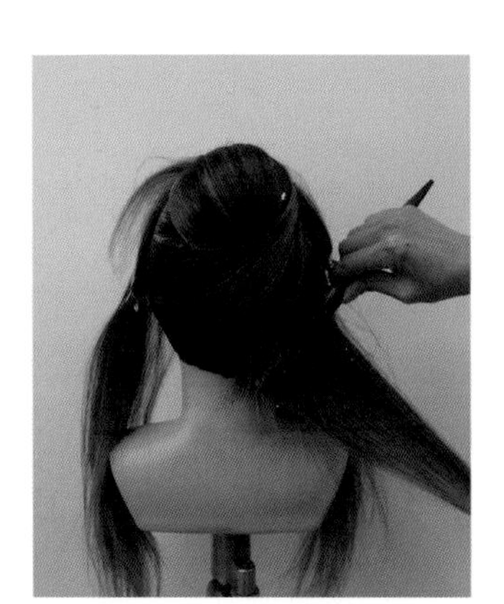

26 반대쪽 부분도 동일하게 백콤 작업한다.

27 위쪽으로 표면 결 정리하여 올려 준다.

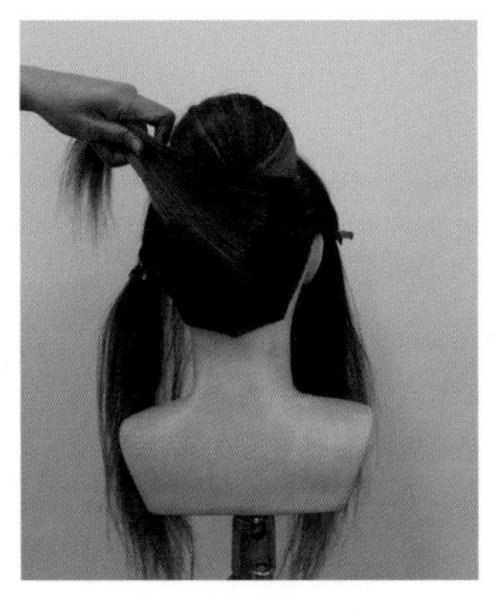

28 싱을 감싸듯 돌려준다.

29 모발 끝은 실핀을 꽂아 돌려준다.

30 백 부분의 모양이 완성된 형태이다.

31 왼쪽 사이드 모발을 뒤쪽으로 빗질한다.

32 귀가 보이도록 하여 핀셋으로 임의 고정하고 스프레이를 뿌린다.

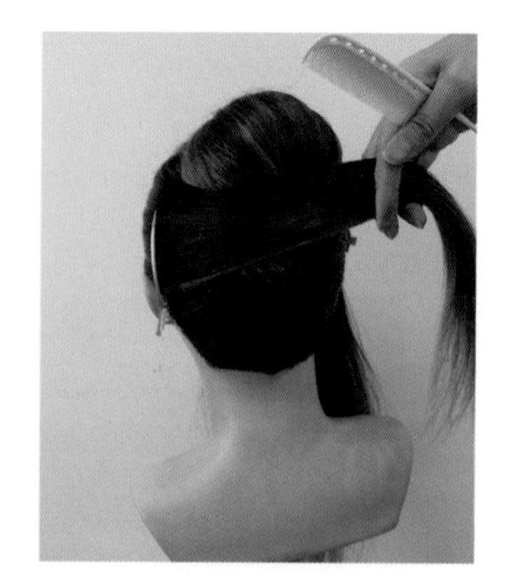

33 싱 부분의 아래쪽 부분을 감싸는 모양으로 잡아 주고 위쪽으로 돌려준다.

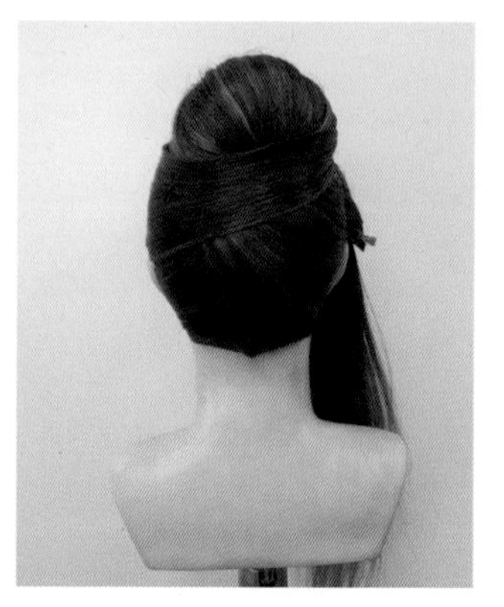

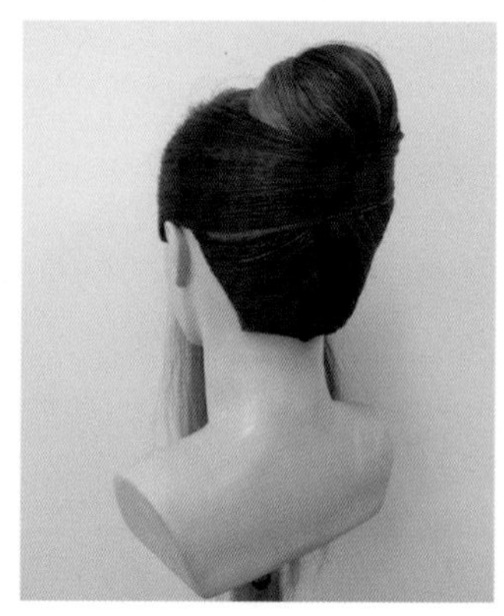

34 완성된 모양이다.

35 오른쪽 사이드도 F.S.P에서 나눈다.

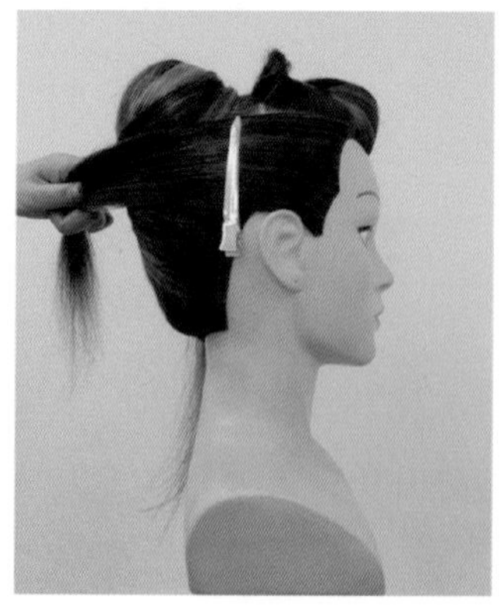

36 뒤쪽 방향으로 귀가 드러나도록 위치를 잡아 빗질한다.

37 싱의 약간 아래에 위치한다.

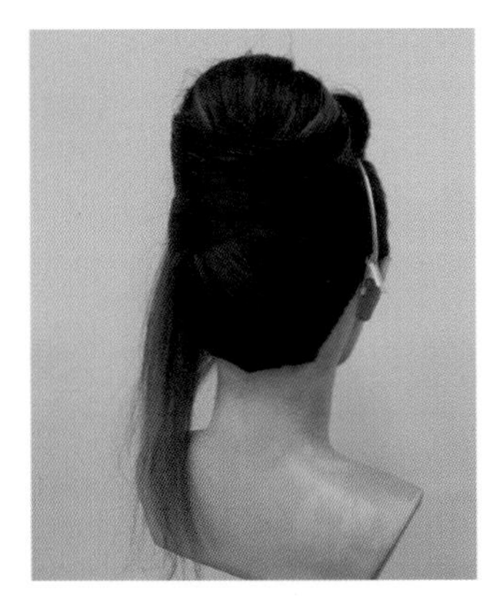

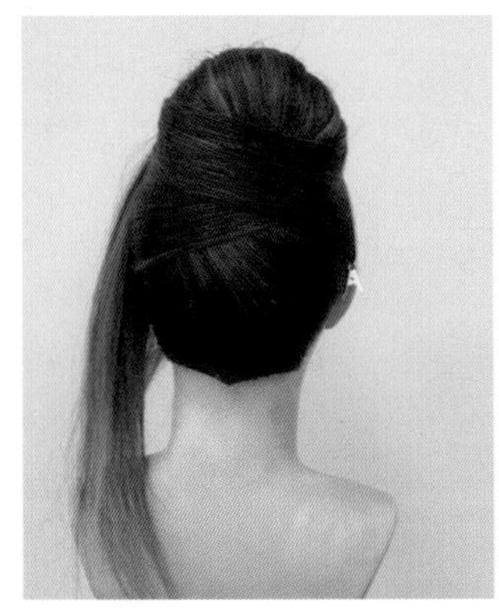

38 감싸면서 돌려준다. 백 부분의 모양이 완성된 형태이다.

39 앞머리는 왼쪽 가르마로 한다.

40 C의 형태로 가르마 부분의 모양을 핀컬핀으로 잡아 준다.

41 톱 방향으로 조금씩 높이가 올라가도록 만든다.

42 볼륨감이 있어 보이도록 한다.

43 아래쪽 모발은 모두 같이 모아 귀를 조금 가리는 모양으로 높이를 잡는다.

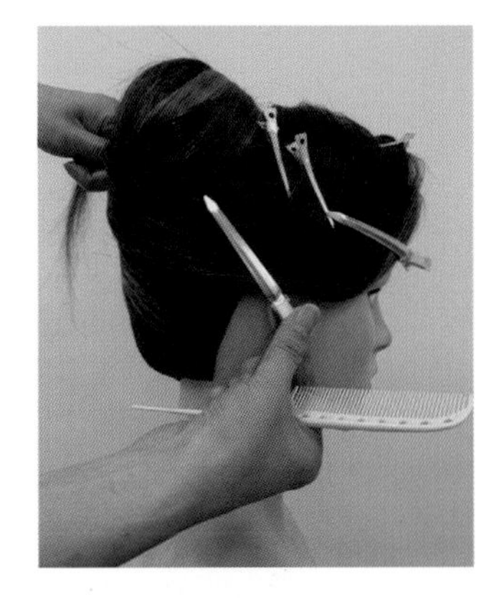

44 핀셋으로 임의 고정하고 스프레이를 분사한다.

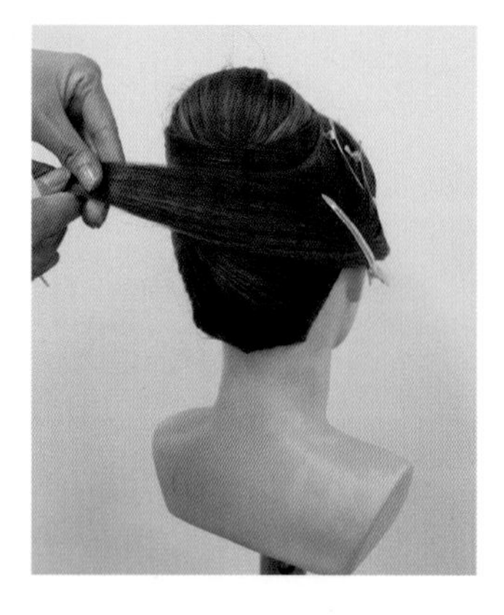

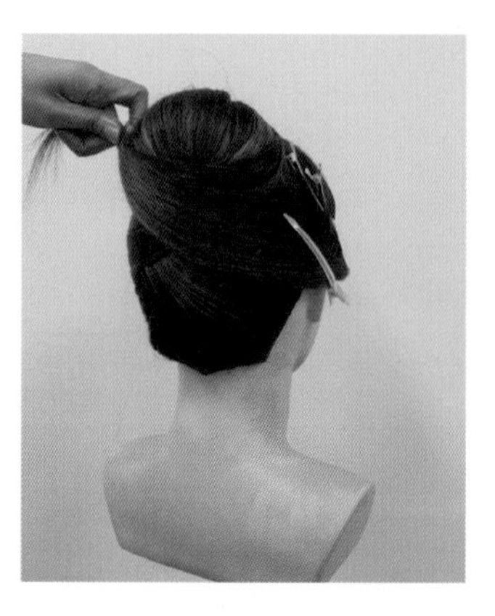

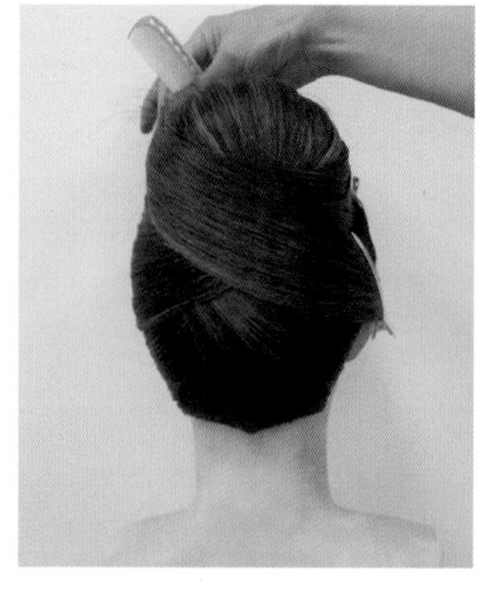

45 핀셋 아랫부분의 모발을 위쪽으로 빗질하여 정리한다.

46 싱을 감싸듯이 돌려 완성한다.

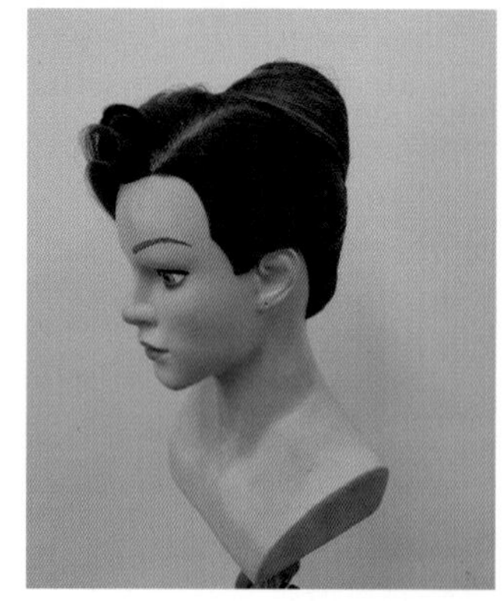

47 사이드의 모양이 완성된 형태이다.
핀컬핀을 제거하고 고정 핀를 꽂아 준다. 스프레이를 뿌려 고정력을 높인다.

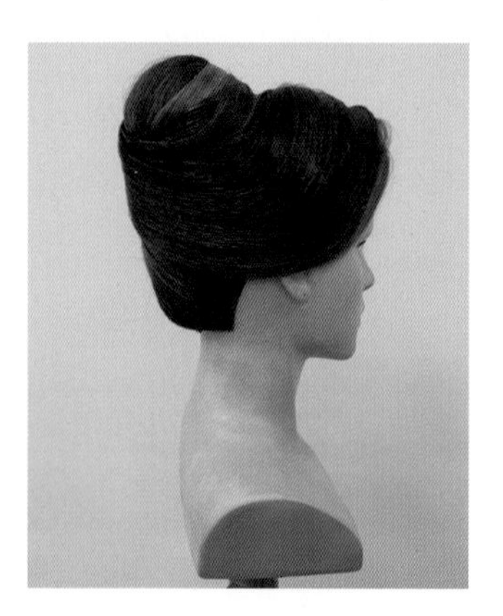

완성1

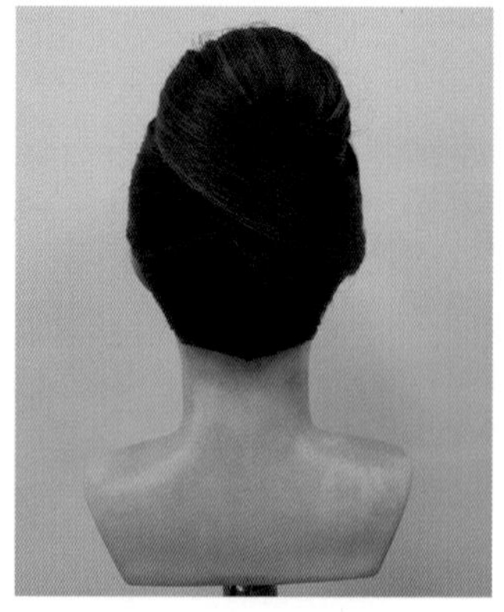

완성 2

완성 3

5) 소라 응용 시뇽 업스타일

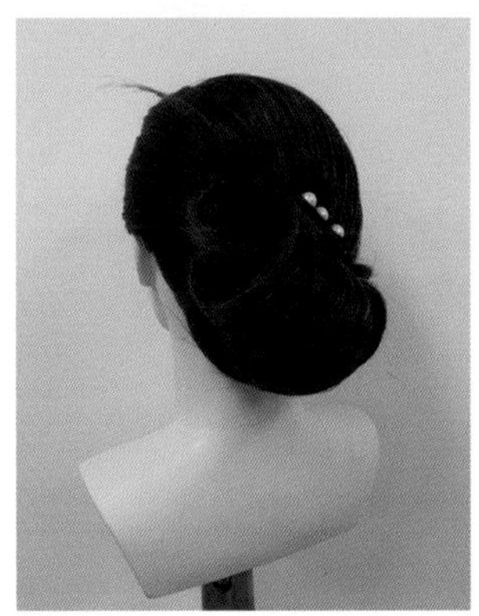

1 브로킹: 백은 하나로 잡는다.

2 브로킹: 앞부분은 왼쪽 가르마로 한다.

3 브로킹: 옆 부분은 E.B.P까지 C 모양으로 나눈다.

4 3브로킹: 옆 부분은 E.B.P까지 C 모양으로 나눈다.

5 백은 네이프 왼쪽 코너 부분에 묶는다.

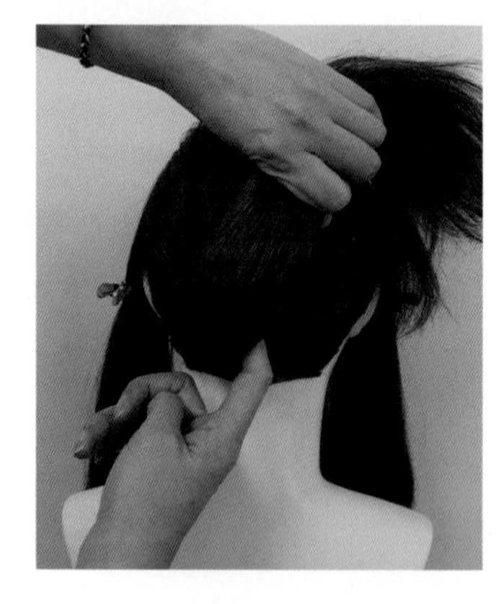

6 묶은 모발은 사선 모양으로 위쪽으로 올려 준다.

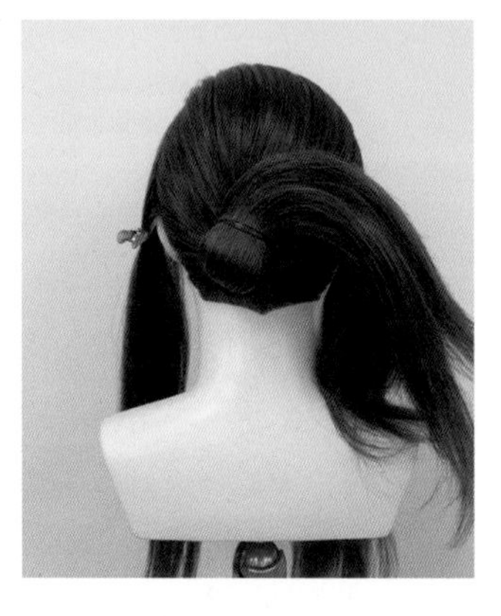

7 묶은 모발을 고정한다. (4. 머리 묶는 법 / 4) 부분 고정 묶기. 참고)

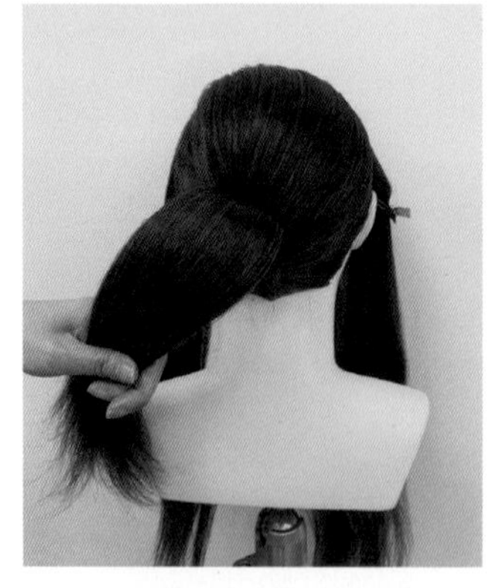

8 나머지 모발은 다시 아래쪽으로 사선 모양으로 내려 준다.

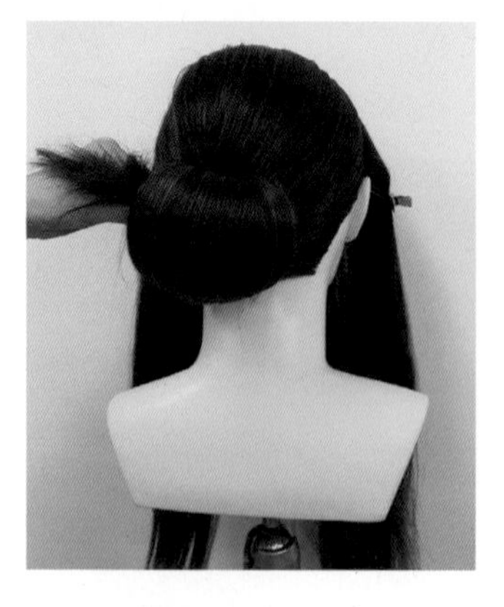

9 크기를 정하고 손으로 잡아 형태를 만들어 준다.

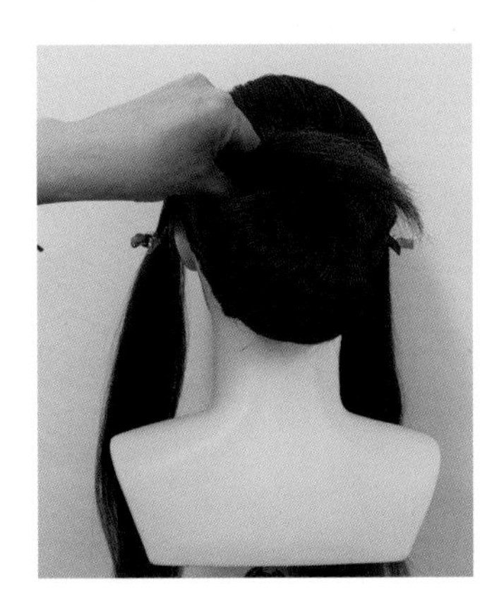

10 소라 모양이 되도록 한쪽 면을 잡아 올려 모양을 만든다. 스프레이를 뿌린다.

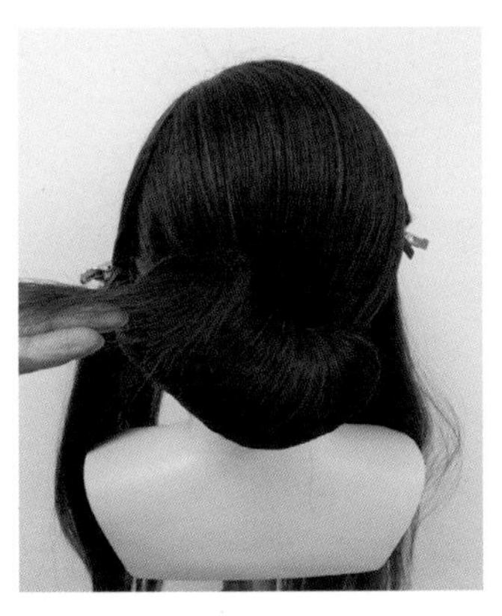

11 소라 모양이 완성되면 실핀과 대핀을 이용하여 고정한다. 나머지 아래 모발로 원형으로 섬세한 모양을 만들어 포인트를 준다.

12 원형의 회오리 모양이 완성되었다.

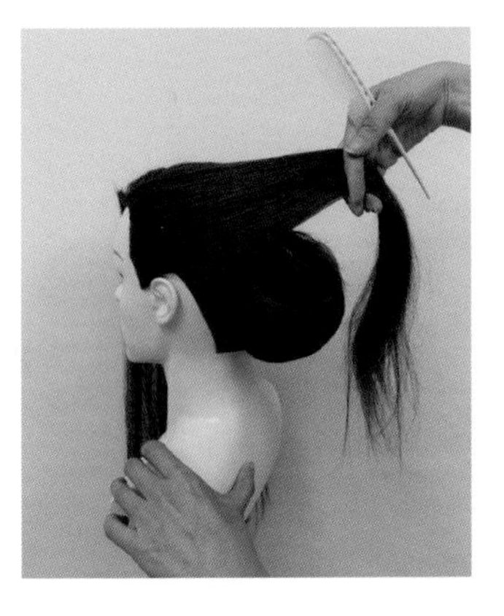

13 왼쪽 사이드 모발은 하나로 잡아서 뒤쪽으로 넘겨준다.

14 백에서 만들어 놓은 사선의 소라 모양과 이어지는 이미지로 내려놓는다.

15 두 개로 갈라서 모양을 만든다. U핀으로 분리되게 꽂아 놓는다.

16 모발 끝부분은 아래로 네이프를 감싼다.

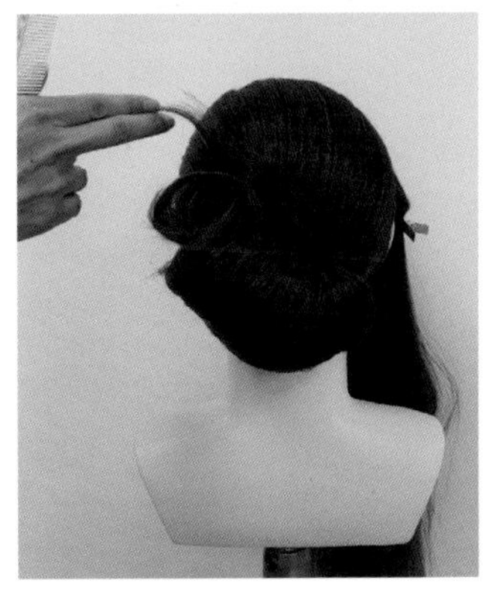

17 한 바퀴 감싸고 남은 모발로 위로 올라가는 선 모양을 만든다. 스프레이를 뿌리고 U핀으로 고정한다.

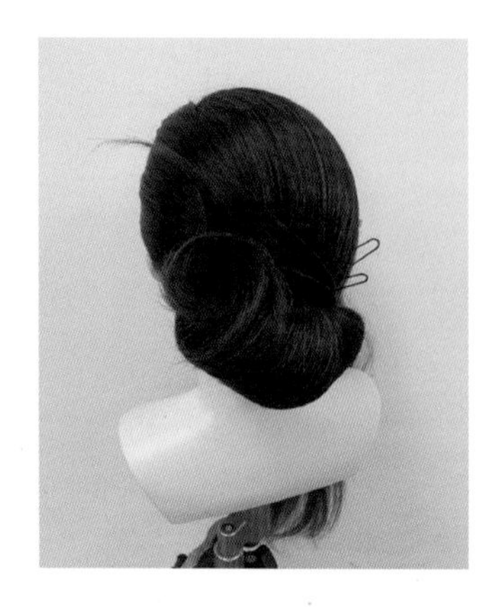

18 원형이 있는 곳에 위로 올라가는 선이 만들어진 모양이다.

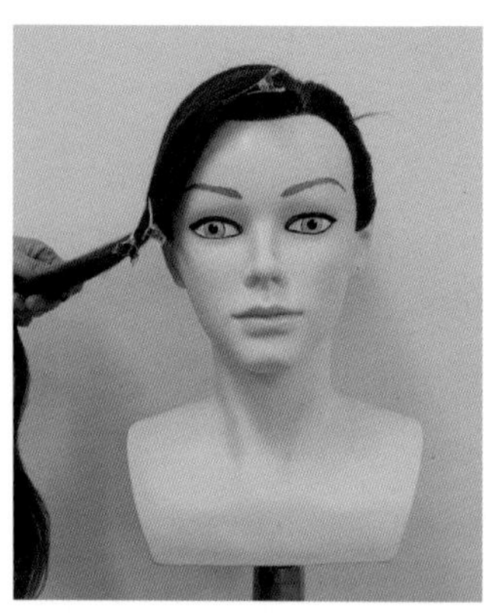

19 앞머리는 이마 부분에 볼륨을 만들고 한 번에 빗질하여 아래로 내려 준다.

20 귀 부분에서 핀셋으로 잡고 세 갈래로 나눈다.

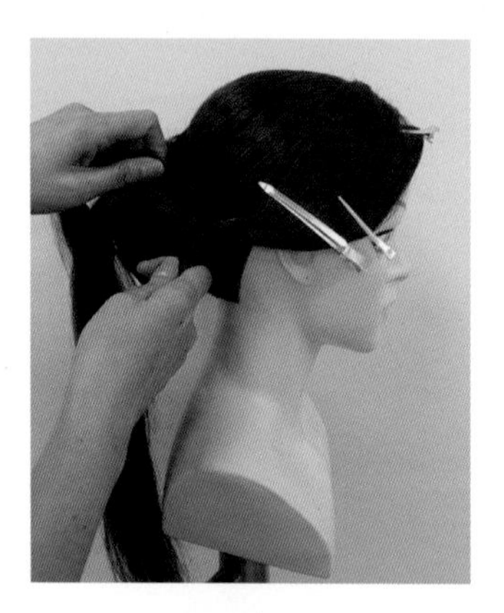

21 세 갈래로 땋아 준다.

22 끝까지 땋아 준다.

23 끝부분은 고무줄로 묶어 준다.

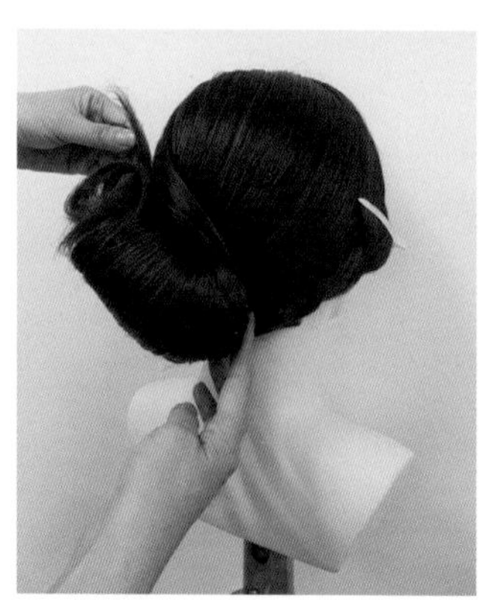

24 오른쪽 네이프 코너에서 실핀으로 고정한다.

25 원 모양으로 안쪽을 향해 말아 준다.

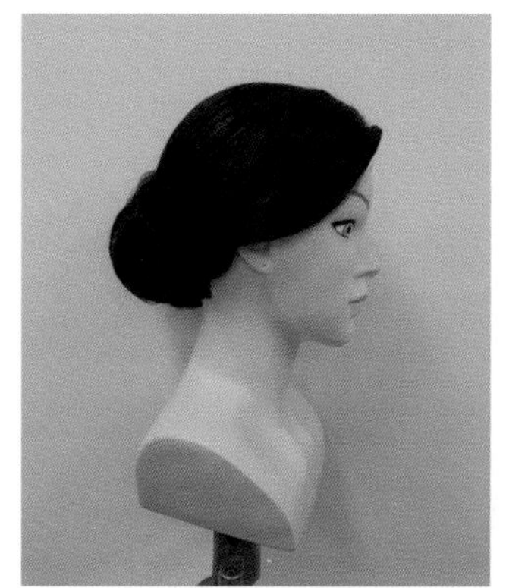

26 실핀과 U핀을 꽂아 모양을 고정한다.

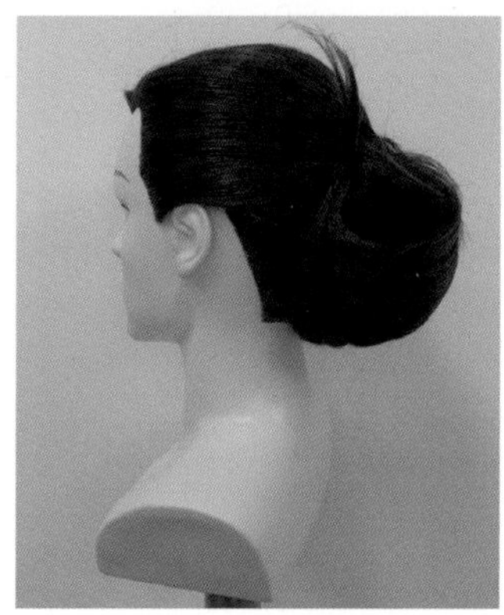
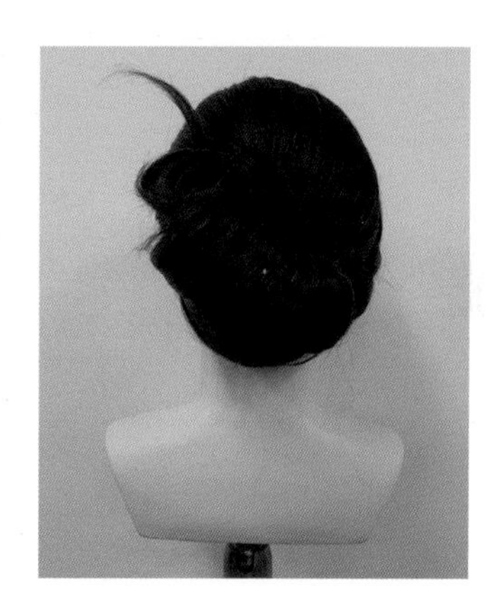

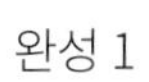
완성 1

완성 2

완성 3

6) 꼬기(twist)를 응용한 쪽머리 형태의 업스타일

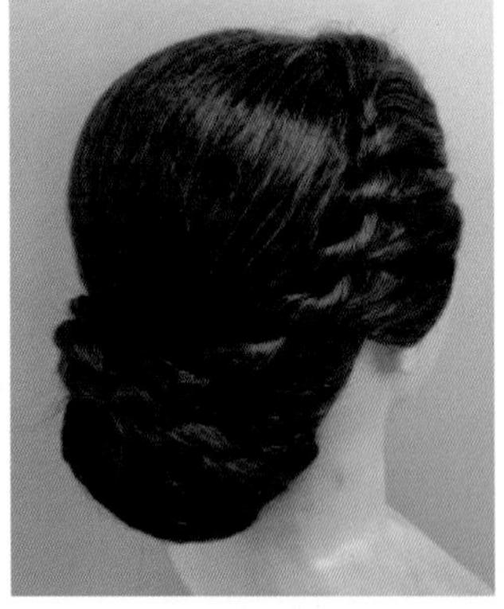

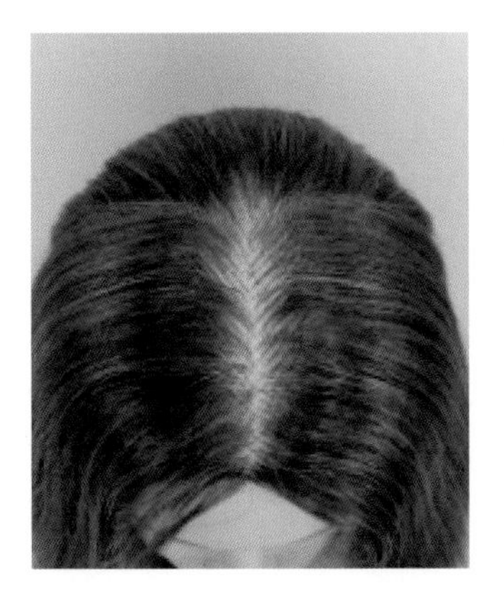

1 앞머리 길이에 따라 가르마를 다르게 설정하지만 센터파트로 5~6cm 나눈다.

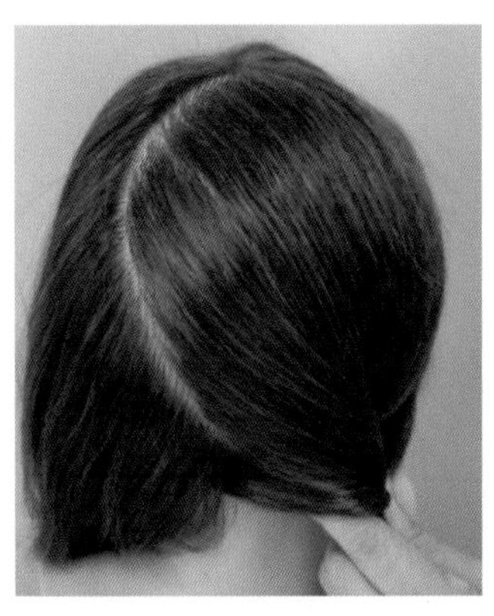

2 센터에서 사이드 백사이드로 3~4cm 두께로 N.S.P에서 3cm 위로 나눈다.

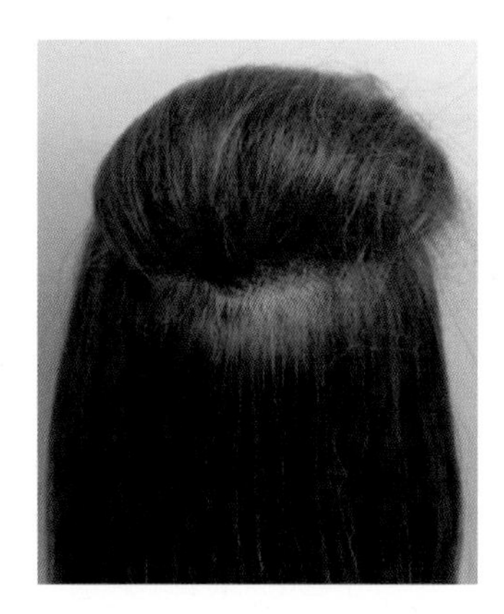

3 위에서 봤을 T.P 부분에 모근 백콤을 타원형 형태로 넣는다.

4 백콤을 넣은 부분에 피니시 브러시로 한쪽 면부터 빗질한다.

5 백콤을 빗질할 때 브러시가 직각으로 들어가면 백콤이 빠진다.

6 빗질 후 모발 다발을 볼륨을 살리면서 모발 다발을 잡는다.

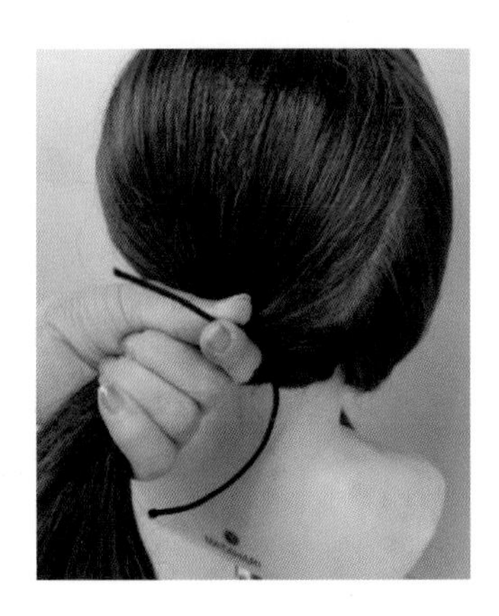

7 검정 고무끈을 사용하여 4cm 이상 남기도 엄지와 검지로 잡는다.

8 모발을 잡을 때는 볼륨을 살리고 네이프 부분 모발 다발은 단단하게 잡는다.

9 고무끈을 세 바퀴 정도 돌리며 돌릴 때 옆으로 가로에서 당겨 준다.

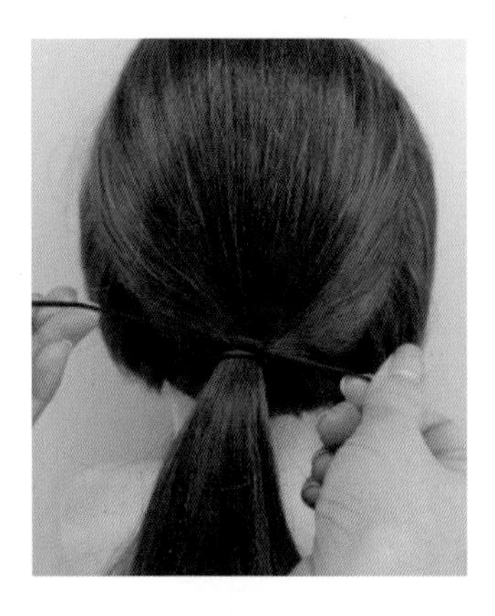

10 엄지와 검지를 이용하여 두 번 꼬아서 묶는다.

11 앞머리는 앞가르마에서 5~6cm에서 눈썹 끝 사선으로 나눈다.

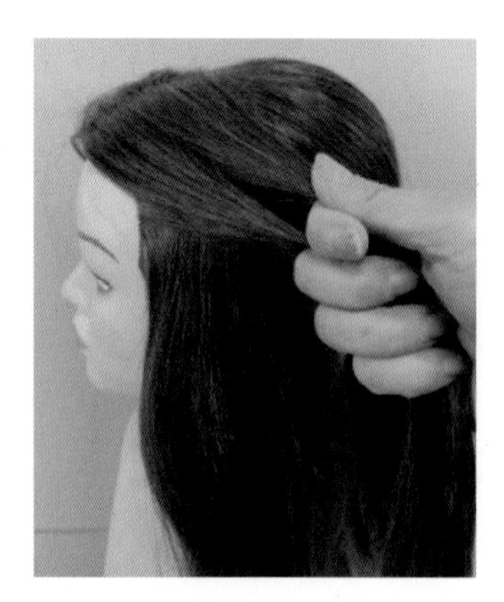

12 두 갈래를 동일한 양으로 나누어 잡는다.

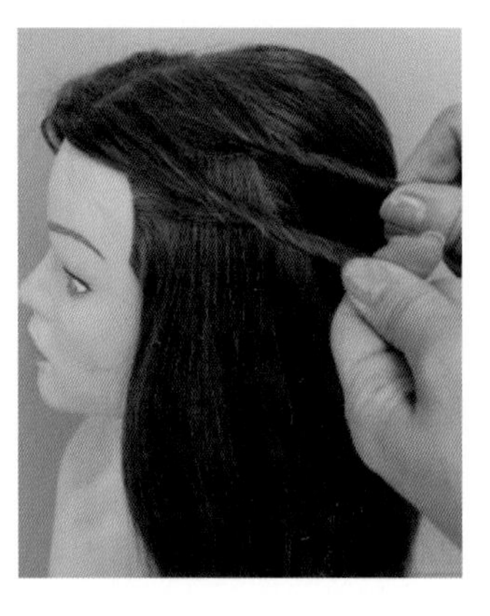

13 두 갈래 모두 아래쪽 방향으로 꼬아 준다.

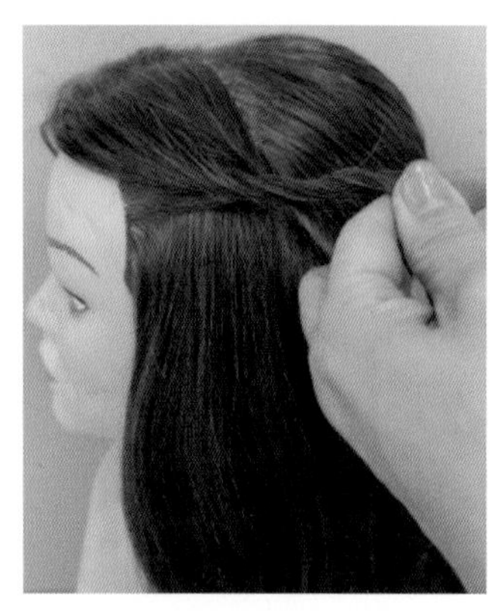

14 꼬은 두 갈래를 위로 교차시키면서 꼬아 준다.

15 사이드 쪽에 있는 모발을 가지고 와서 아래쪽 모발과 합친다.

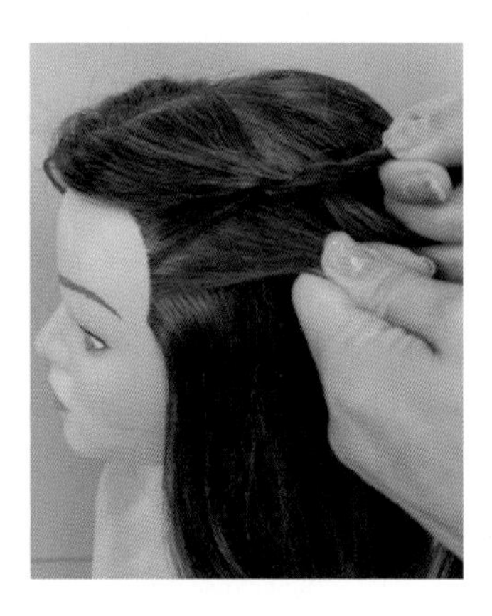

16 그다음 순서도 동일하게 사이드 부분에 모발을 아래 모발다발과 합친다.

17 두 갈래 모발 모두 아래쪽 방향으로 꼬아 준다.

18 사진과 동일하게 모두 꼬아서 끝에 백콤을 넣어서 마무리한다.

19 아랫부분에 마무리한 후 윗부분에 크로스한다.

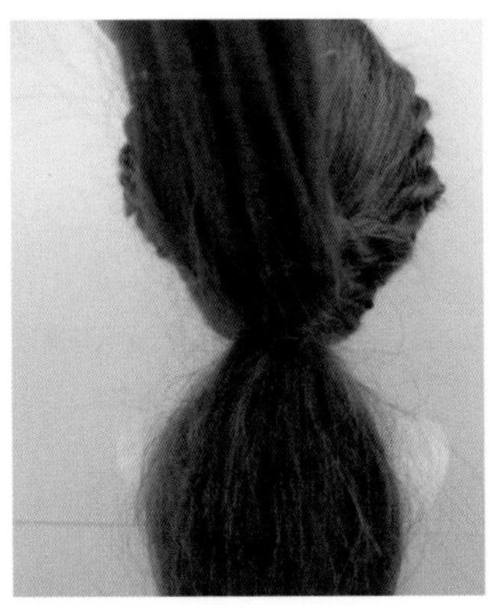

20 두 갈래로 나누어 한쪽 면에 전체 백콤을 넣는다.

21 위에 남겨 둔 모발에 아랫부분 한쪽에 백콤을 넣는다.

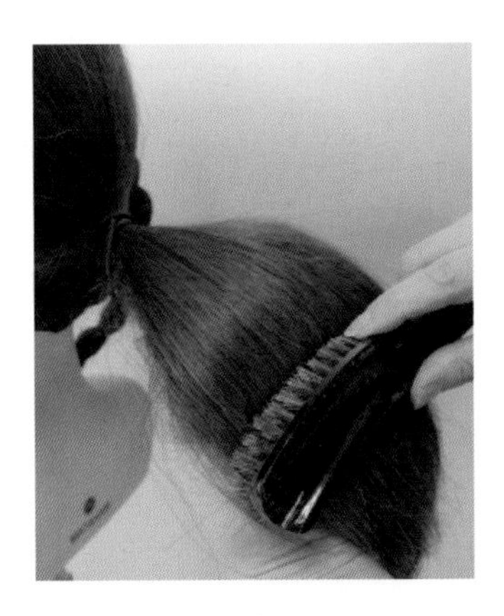

22 피니시 브러시로 윗면을 매끄럽게 빗어 준다.

23 모두 매끄럽게 빗질이 된 후 검지와 중지 사이에 끼운다.

24 사진과 같이 중지와 약지에 넣어 안으로 말아 준다.

25 옆에서 봤을 때 가장자리가 약간 들어가도록 말아 준다.

26 말은 다음 가장자리가 약간 안으로 들어가도록 잡아 준다.

27 말아 놓은 부분을 양손 엄지와 검지로 고르게 펴준다.

28 양쪽을 잡고 골고루 잘 펴 준다.

29 약간 반달 모양으로 진행하며 골고루 잘 펴지지 않으면 갈라지게 된다.

30 U핀을 이용하여 사진과 같이 결대로 들어가 꽂아 준다.

31 반대편으로 U핀을 올려 묶여 있는 모발에 아래쪽으로 꽂아 준다.

32 꼬아 놓은 모발을 양쪽으로 크로스 한다.

33 U핀을 사용하여 결대로 들어가 양쪽 모발 다발을 고정한다.

34 모발의 결대로 꽂지 않으면 U핀이 보이게 된다.

35 양쪽 꼬아 놓은 모발은 반으로 접어 겹치게 하거나 안쪽으로 밀어 넣는다.

36 반으로 접은 꼬은 모발은 U핀을 이용하여 결대로 들어가 고정한다.

7) 미디엄 혼주 업스타일

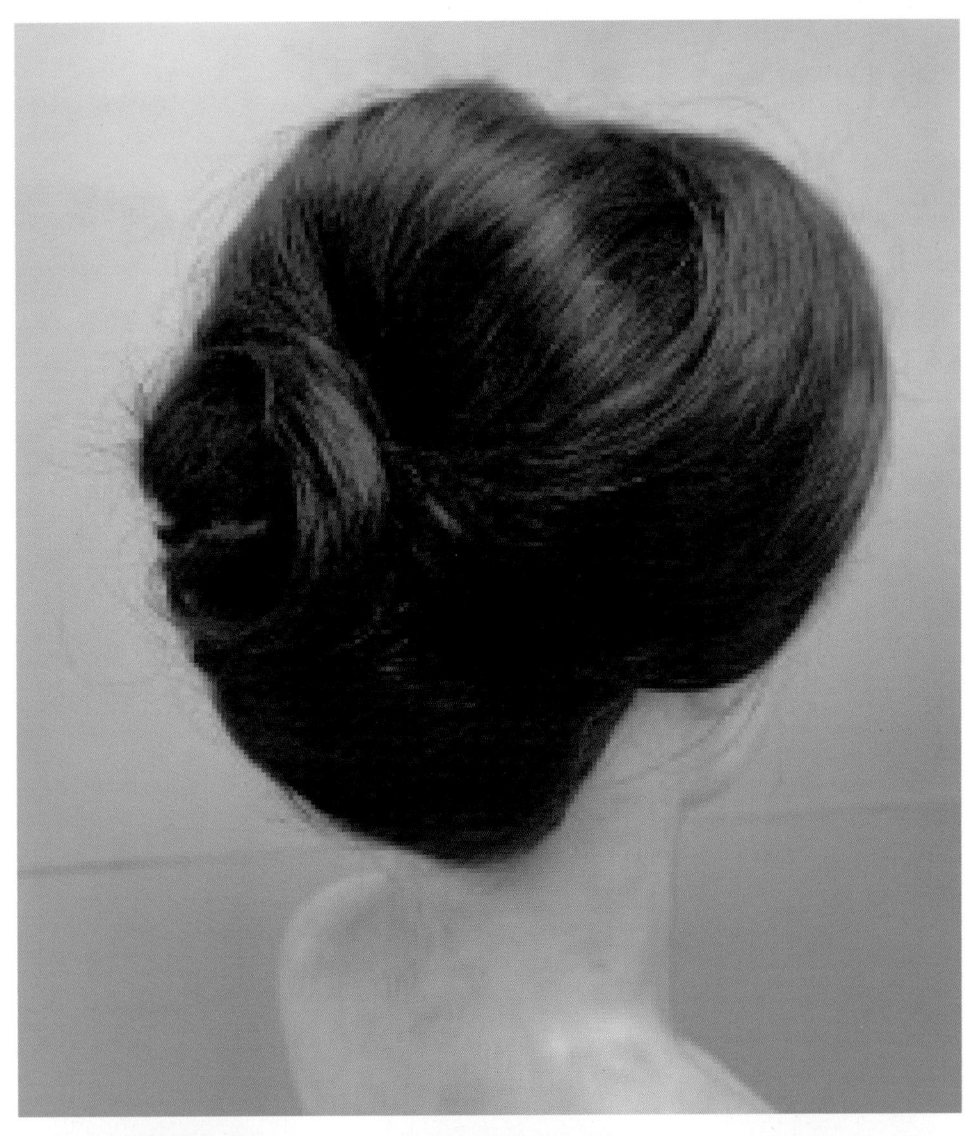

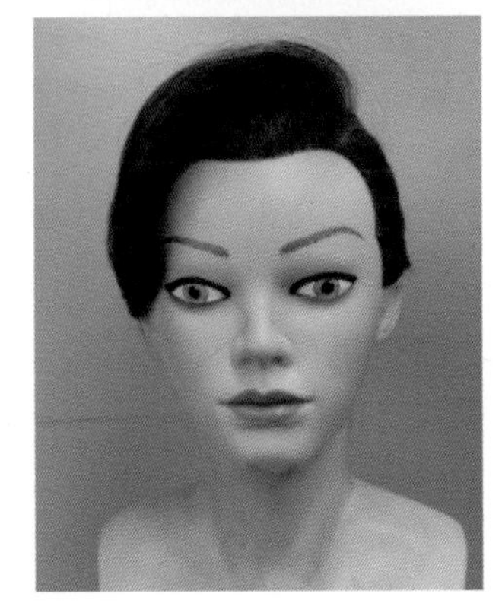

1 모발 전체를 아이론이나 전기 세팅 롤를 이용하여 말아 놓는다.

2 아이론이나 전기 세팅 롤을 말을 때 디자인에 맞는 방향으로 말아 놓는다

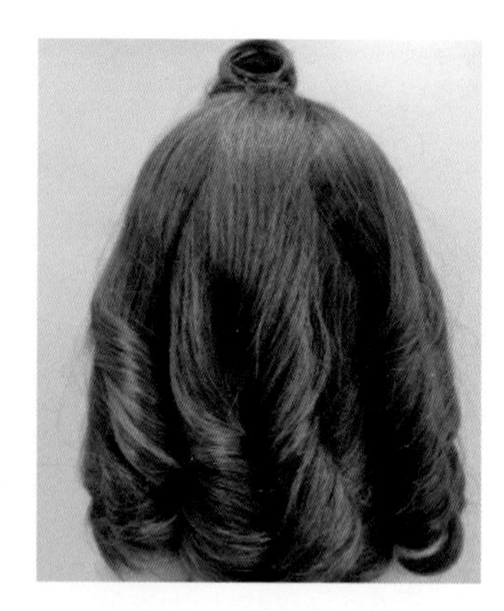

3 앞머리는 가르마를 정하고 전체 리버스 방향으로 말아 놓는다.

4 정수리 부분과 골덴 부위에 모근 백콤을 넣는다.

5 모근 백콤 후 겉면을 피니시 브러시로 빗어 놓는다.

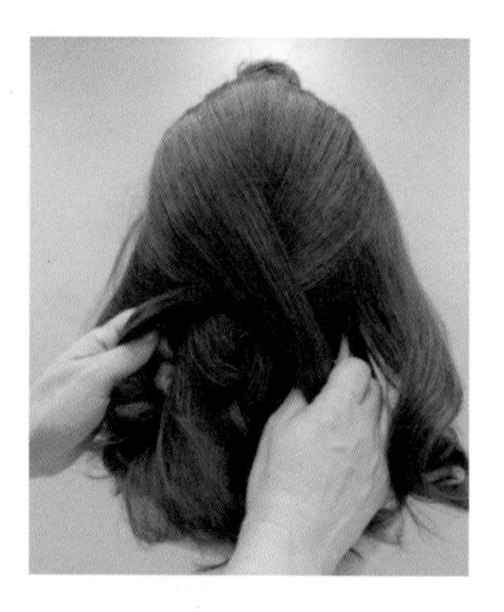

6 겉면을 매끄럽게 빗은 후 모발을 두 갈래로 나누어 크로스 한다.

7 두 갈래를 꼬아서 잡은 모발을 살짝 올려 준다.

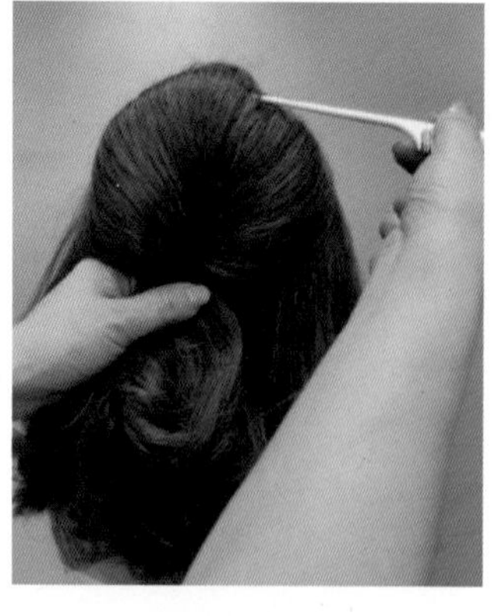

8 살짝 위로 올려서 부족한 볼륨을 빗꼬리를 이용하여 들어 올린다.

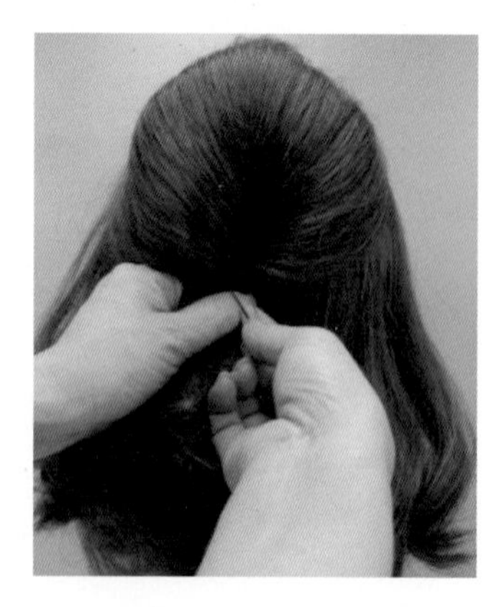

9 실핀으로 크게 벌려 양쪽을 모두 맞물려 꽂아 준다.

10 양쪽 사이드는 반대편으로 끌고 와서 실핀에 모발 다발을 넣어 꽂는다.

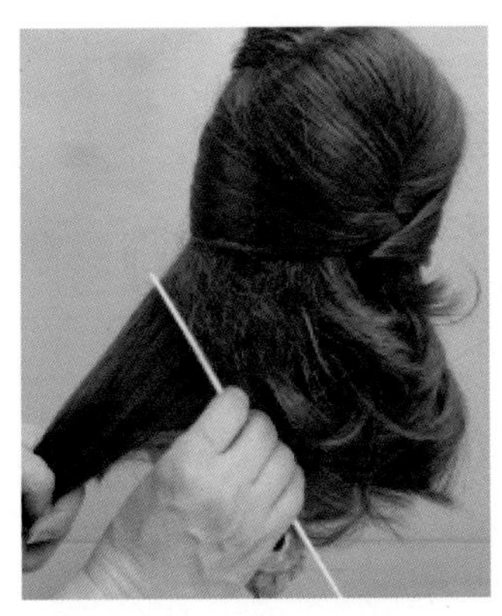

11 아래 백사이드 모발은 한쪽만 백콤을 넣는다. 모근 쪽까지 넣는다.

12 겉면을 빗질하여 한손에 감싼다.

13 감싼 모발을 위로 꼬아서 핀으로 고정한다.

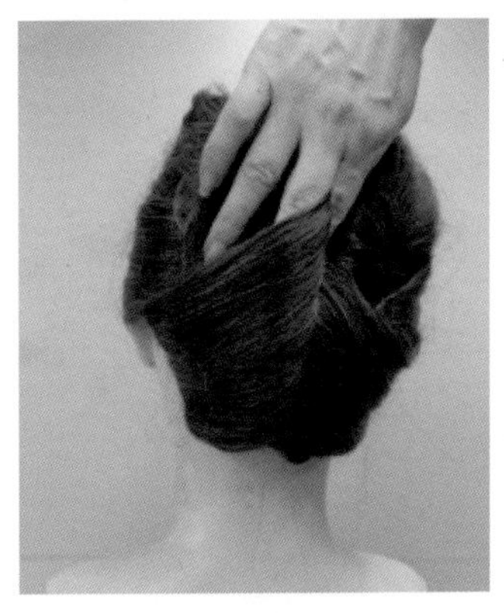

14 반대편 백사이드모발도 꼬은 후 핀으로 고정한다.

15 앞머리는 모근 백콤을 넣고 옆으로 빗질하여 플랫핀으로 고정한다.

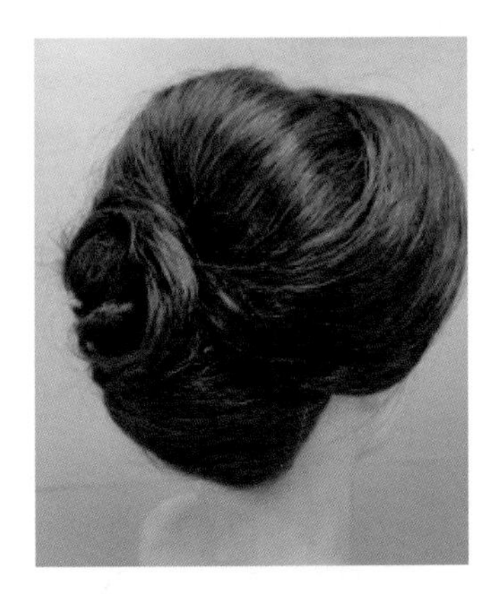

16 뒷부분에 남은 모발은 웨이브 형태를 만든 후 헤어스프레이로 고정한다.

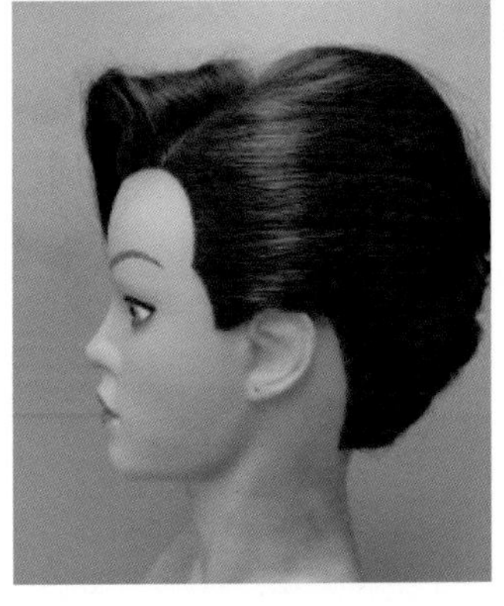

17 사이드 모발도 잔머리가 없도록 헤어스프레이를 뿌려준다.

18 전체적으로 얼굴형이나 모발의 길이에 따라 가르마나 포인트의 위치를 다르게 연출한다.

8) 라인 업스타일

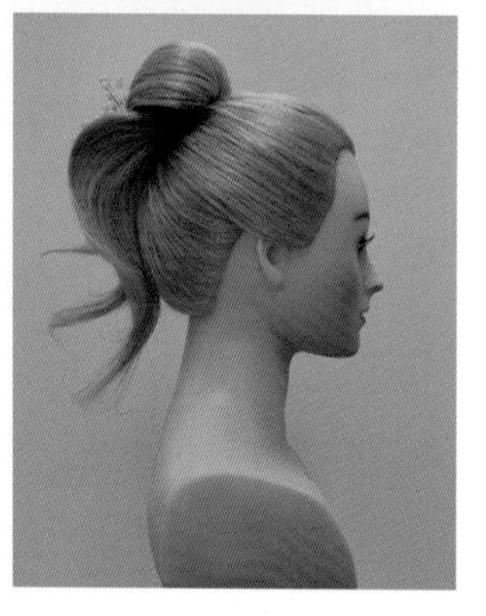

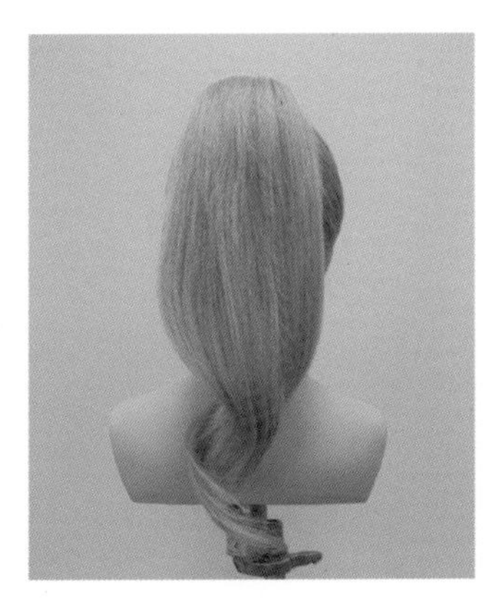

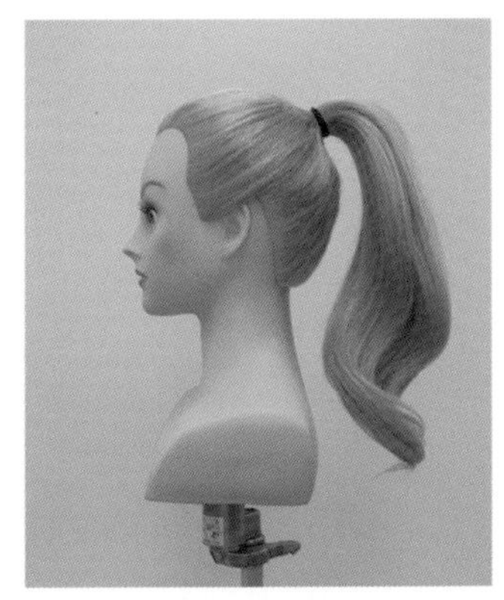

1 브로킹: 백은 하나로 높이 묶어 준다. (4. 머리 묶는 법 / 1)기본 하나로 묶기. 참고)

2 10cm 위로 다시 한번 묶어 준다.

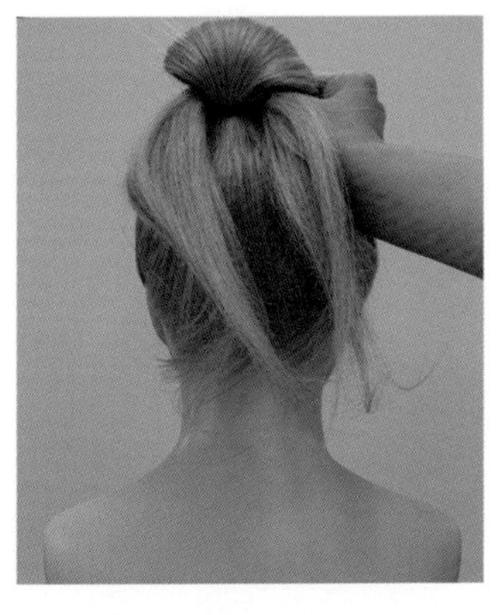

3 얼굴 방향으로 넘겨준다.

4 톱에서 넘겨진 모발의 볼륨의 크기를 보며 모양을 손으로 잡아 준다. 묶은 모발의 나머지 부분은 두 갈래로 나누어 아래로 보내 준다.

5 양쪽 모서리를 잡아 두피에 닿게 형태를 만든 후에 실핀으로 고정한다. 스프레이를 뿌려 준다.

6 오른쪽 모발은 묶은 부분을 가리듯이 가운데로 보내 준다.

7 C 모양이 되도록 빗으로 빗고 손으로 모양을 잡아 준다. (6. 기본 업스타일 테크닉 / 7) S 모양 만드는 손의 위치. 참고)
핀컬핀으로 모발을 임의 고정하고 C의 모양을 만든 부분만 스프레이를 뿌려 준다.

8 아래쪽 모발도 손으로 형태를 잡아 준다.

9 형태가 마음에 들면 핀컬핀으로 임의 고정한다.

10 모발 끝까지 빗어서 정리하고 끝부분이 잘 모아지도록 모양을 잡는다. 스프레이를 뿌려 준다.

11 왼쪽 모발도 가운데로 보내 준다.

12 가운데에서 겹쳐지도록 모양을 만든 후에 핀셋으로 임의 고정한다.

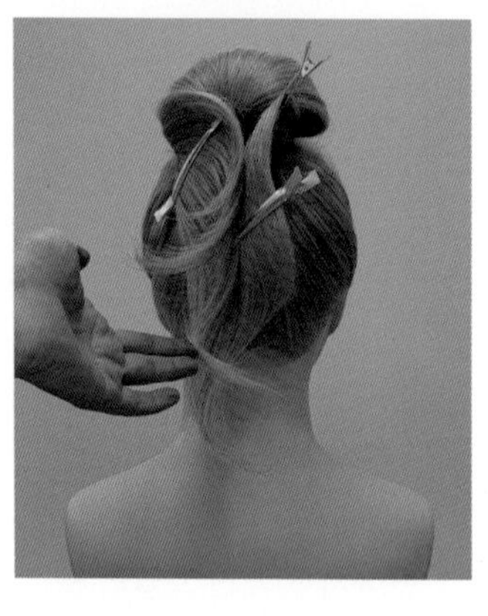

13 모발의 흐름에 맞게 잘 빗고 모발 끝부분까지 모양을 정리한다.

14 스프레이를 뿌려 고정한다. U핀을 이용하여 고정한다. (5. 핀 사용법 / 4) 기본 U핀 꽂기. 참고)

완성 1

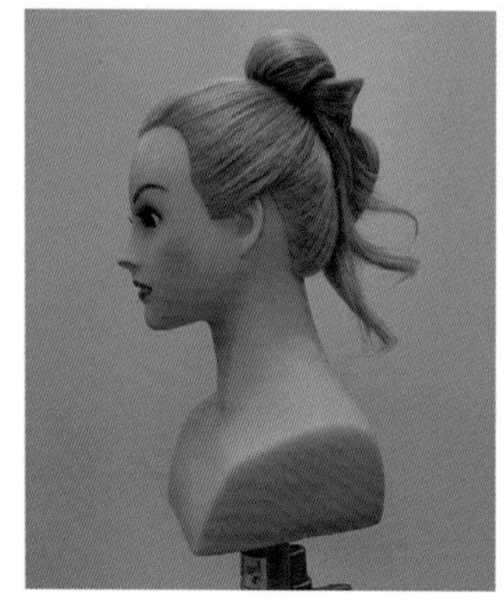

완성 2

완성 3

9) 곡선 업스타일

1 브로킹: 백은 하나로 잡는다.

2 브로킹: 앞부분은 가운데 가르마로 한다.

3 브로킹: 옆 부분은 E.P까지 C 모양으로 나눈다.

4 브로킹: 옆 부분은 E.P까지 C 모양으로 나눈다.

5 백은 하나로 높이 묶어 준다. (4. 머리 묶는 법 / 1) 기본 하나로 묶기. 참고)

6 묶은 모발 바로 아래에 싱을 부착한다.

7 앞머리에 백콤 한다.

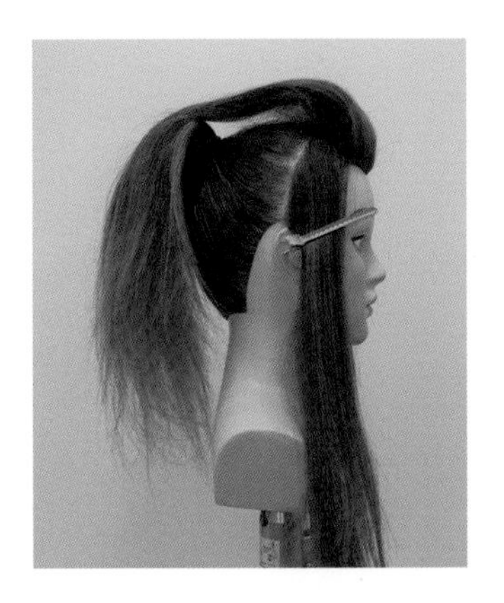

8 두피 부분으로 볼륨이 형성되도록 한다.

9 백콤 된 모발은 잘 빗어서 묶은 모발 위에 놓아 준다. 대바늘을 가장자리에 꽂아 모발이 흐트러지지 않도록 한다.

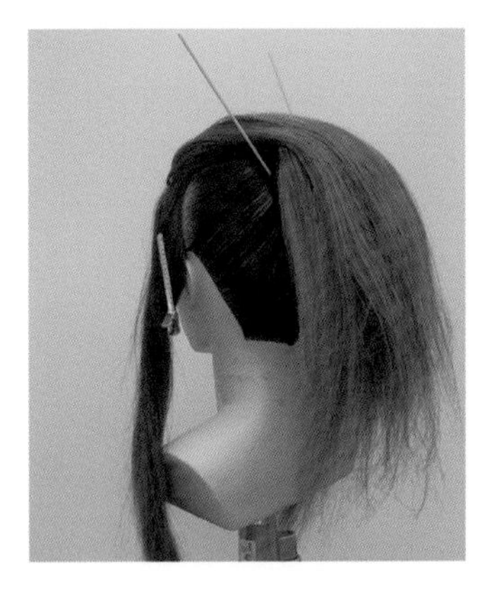

10 뒤쪽으로 모발이 빗질되어 있는 모습이다.

11 앞부분부터 모발을 손으로 조금씩 당겨 올려서 올라온 선 모양을 만들어 준다. 빗질 된 모양대로 흐트러지지 않게 모양을 만든다.

12 선이 만들어진 부분에 U핀을 꽂아 분리된 선의 형태가 유지될 수 있도록 하고 스프레이를 뿌려 준다.

13 앞머리 부분 전체에 선을 잡아 준다.

14 부분 고정 고무줄을 사용한다.

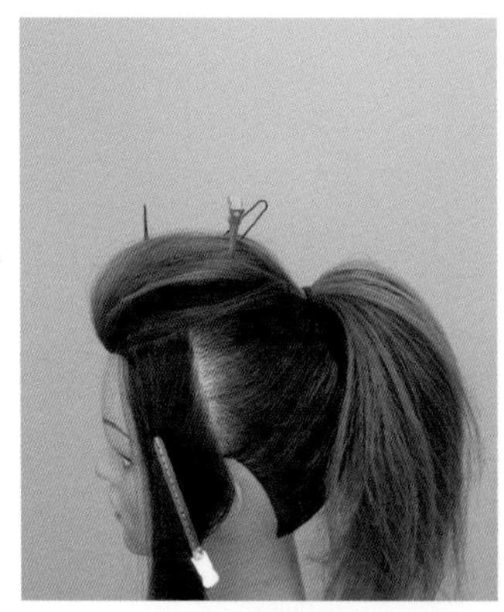

15 묶은 부분에 부분 고정 방법으로 앞머리를 고정한다. (4. 머리 묶는 법/ 2) 부분 고정 묶기. 참고)

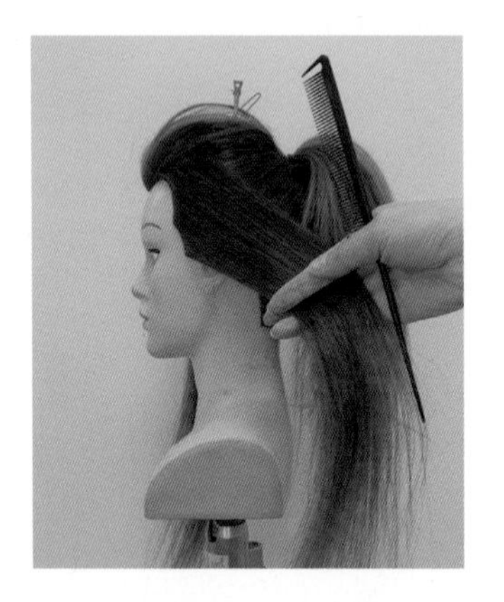

16 왼쪽 사이드 모발을 아래 방향으로 빗어 준다.

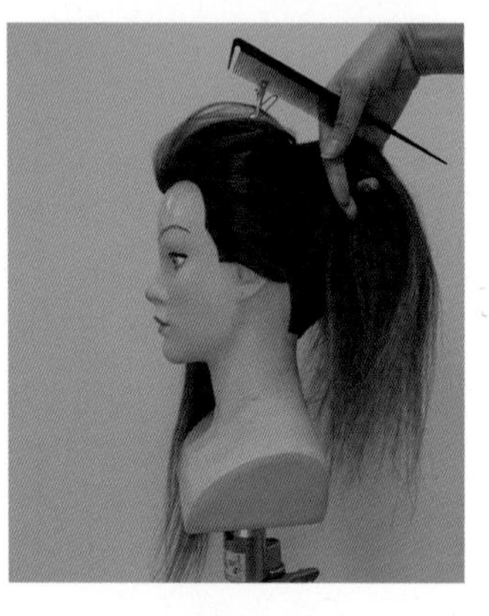
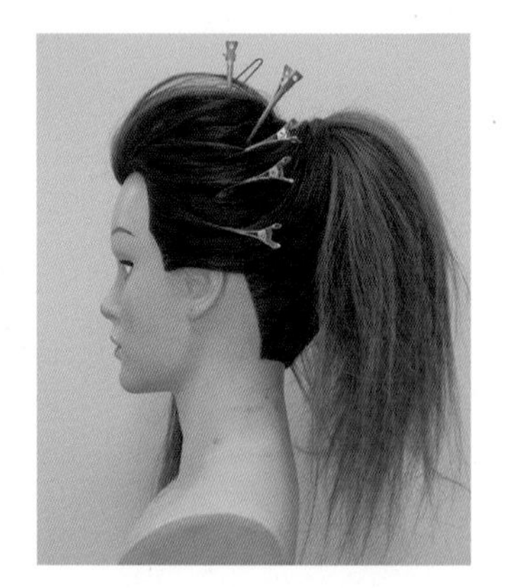

17 귀를 살짝 덮는 모양을 만들어 주고 톱의 묶은 부분까지 올려 준다.

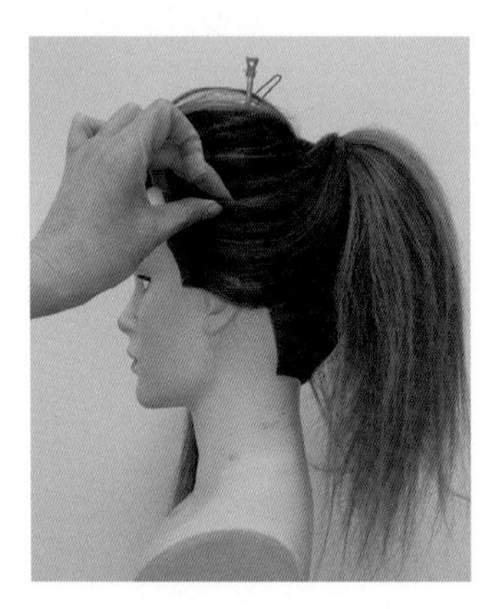

18 빗질한 모양대로 손으로 튀어나온 선의 모양이 되도록 모발을 잡아 빼준다.

19 군데군데 튀어나온 선의 모양을 잡아 준다.

20 핀컬핀을 이용하여 선이 유지될 수 있도록 하고 스프레이를 뿌려 준다.

21 사이드의 모양이다.

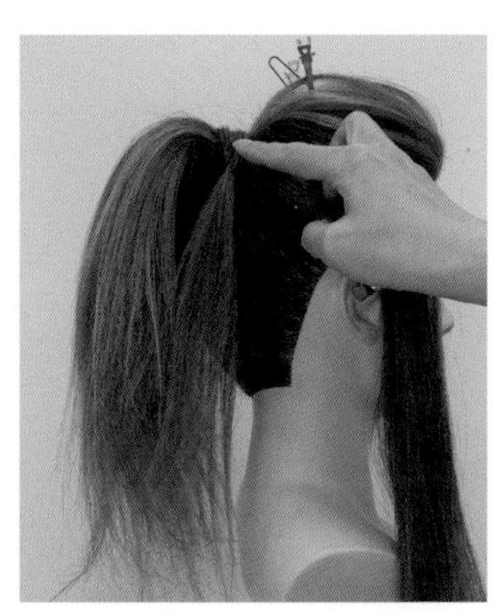

22 위로 올려두었던 모발은 싱 부분을 감싸고 중간에 핀을 꽂는다.

23 모발 끝부분은 돌돌 말아 실핀으로 정리하여 묶은 부분에 꽂아 정리한다. (6. 기본 업스타일 테크닉 / 5) 모발 끝부분 정리. 참고)

24 오른쪽 사이드 부분도 왼쪽과 동일하게 작업한다.

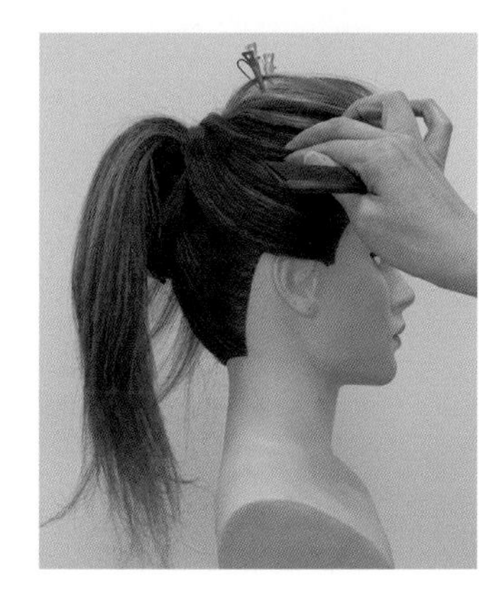

25 왼쪽과 동일하게 선을 만들어 주고 고정한다.

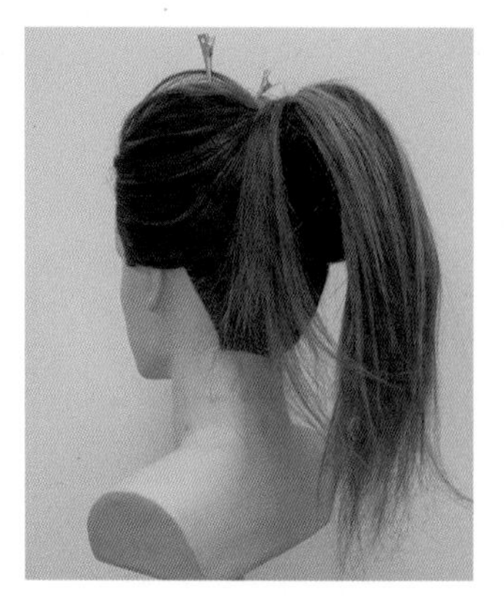

26 오른쪽 남은 모발도 묶은 부분으로 올린 후에 싱을 감싸고 실핀으로 모발 끝을 정리하여 꽂는다.

27 양쪽 사이드 모발의 끝 부분이 싱에 정리된 모습이다.

28 위로 묶었던 백 부분의 모발을 세 등분으로 나눈다.

29 다시 한 개 등분을 위와 아래 두 개로 나눈다.

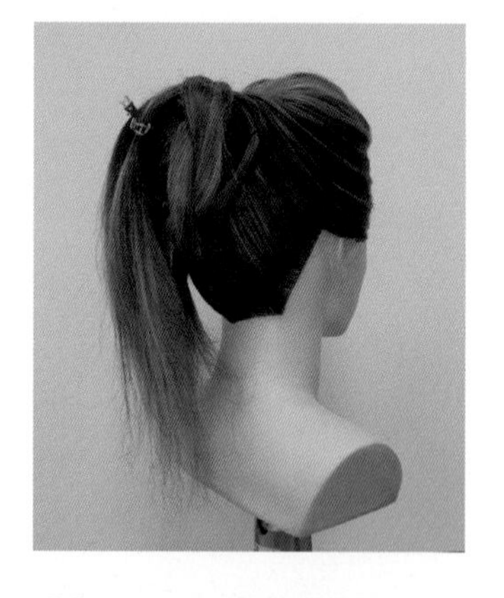

30 나눈 두 개의 모발을 교차하듯이 약하게 꼬아 준다.

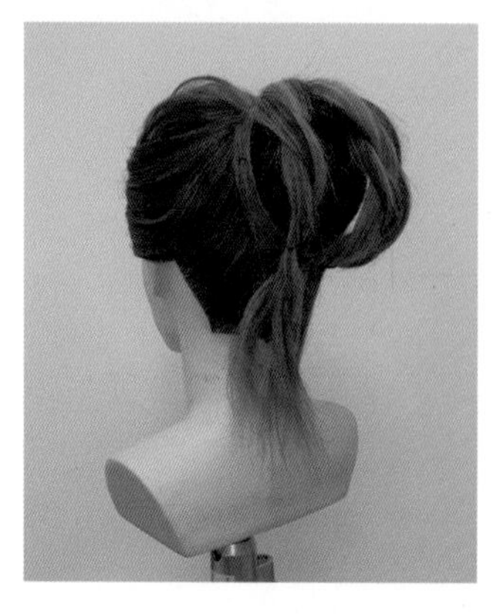

31 세 개의 등분을 모두 꼬아서 싱을 둥글게 감싸는 모양으로 만들고 핀으로 살짝 꽂아 놓는다.

32 오른쪽 땋은 모발을 잡는다. 윗부분부터 넓게 손으로 펼쳐 주고 핀컬핀으로 임의 고정한다. 모양을 만들 때, 입체감 있는 모양이 되도록 한다.

33 땋은 양쪽을 모두 넓게 손으로 모양을 빼고 입체감 있는 모양으로 만든 후, 핀컬핀으로 잡는다. 스프레이를 모양이 완성된 부분에 뿌려 준다.

34 아래쪽으로 내려오면서 동일하게 모양을 잡는다.

35 아래쪽 끝까지 펼치며 모양을 만들어 준다.

36 가운데 땋은 모발도 동일하게 작업한다.

37 왼쪽 땋은 모발도 동일하게 작업한다. 중간중간 핀컬핀으로 잡아 형태를 유지해 주고 스프레이를 뿌려 준다.

38 아래쪽의 모발은 동그랗게 말아서 실핀으로 꽂아 고정한다.

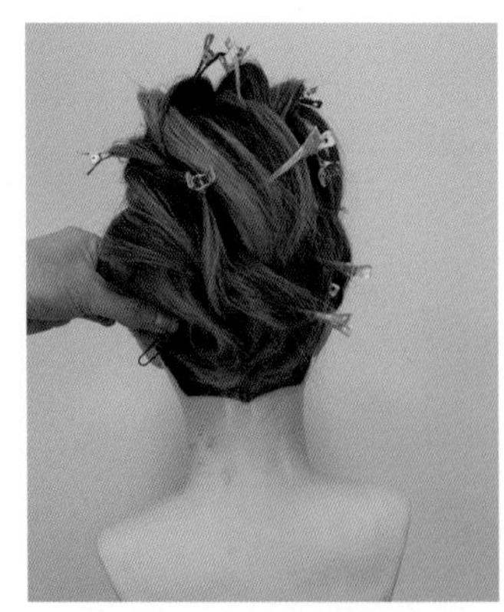

39 아래쪽의 모발은 동그랗게 말아서 실핀으로 꽂아 고정한다. 스프레이를 뿌려 고정한다.

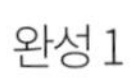

완성 1　　완성 2　　완성 3

10) 소라형 업스타일

1 브로킹: 백은 하나로 잡는다.

2 브로킹: 앞머리는 톱 부분을 나누어 놓는다.

3 브로킹: 옆 부분은 나누지 않는다.

4 브로킹: 옆 부분은 나누지 않는다.

5 왼쪽 사이드부터 세로 섹션으로 2cm 섹셔닝한다.

6 두상에 대해 90도 정도로 모발을 잡아 주고 백콤 한다.

7 두피 부분에 볼륨이 형성될 수 있도록 충분히 백콤 하여 준다. (3. 백콤 / 2) 기본 뿌리 볼륨 백콤: 돈모빗 사용. 참고)

8 센터 쪽으로 백콤을 계속 진행한다.

9 볼륨감이 많은 스타일로 두피 부분의 볼륨이 충분히 형성되는지 확인하며 진행한다.

10 백의 센터라인을 지나면 백콤을 센터 쪽 면에 만든다.

11 계속 진행하여 반대쪽 사이드까지 끝까지 백콤한다.

12 오른쪽 사이드부터 돈모빗으로 전체적으로 빗질한다.

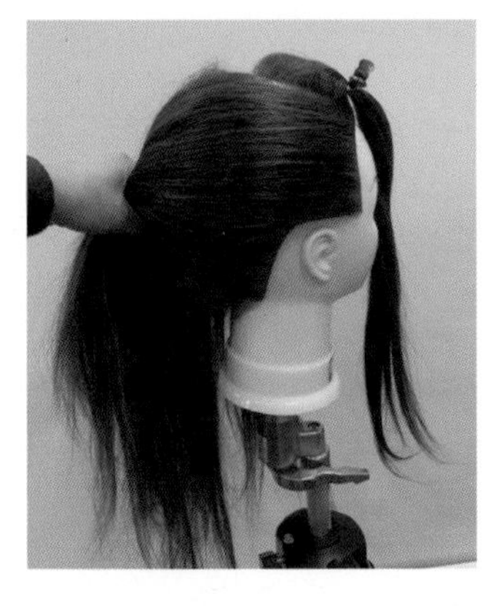

13 옆으로 넘어가는 모양으로 머리결을 잘 정리한다.

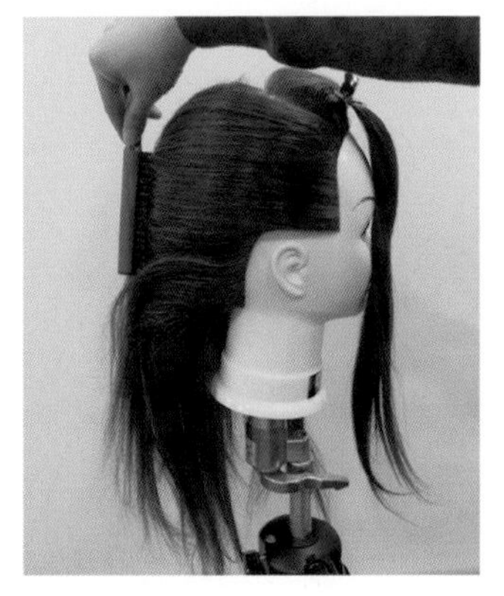

14 모발이 균일하게 백콤 되도록 한다.

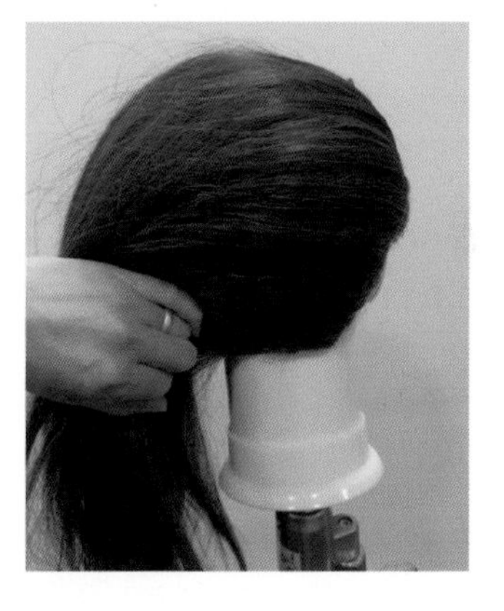

14 대핀을 이용하여 센터를 조금 넘어가는 네이프 부분에 꽂아 준다. 두피를 긁듯이 꽂아서 토대가 힘이 형성될 수 있도록 한다.

15 위쪽으로 대핀을 꽂아 준다. 두 번째 핀은 첫 번째 핀의 중간 위치에서 꽂아 준다.

16 같은 방식으로 위쪽으로 핀을 고정시킨다.

17 맨 위의 부분은 실핀을 이용하여 핀을 꽂는다.

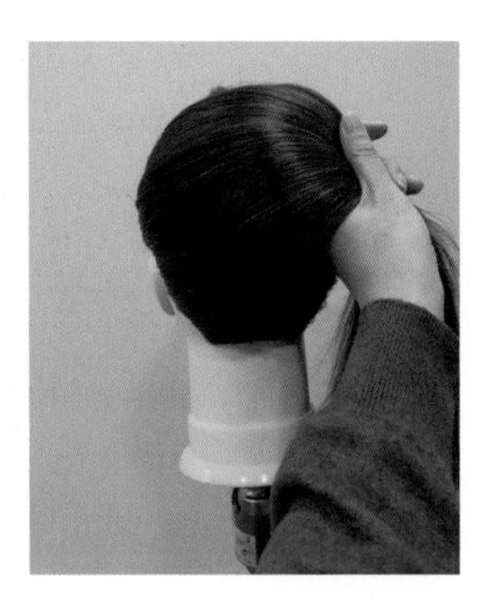

18 핀이 다 꽂아지면 왼쪽 모발을 센터 부분으로 빗질한다.

19 위를 향해 꼬는 모양으로 위쪽으로 당겨 준다.

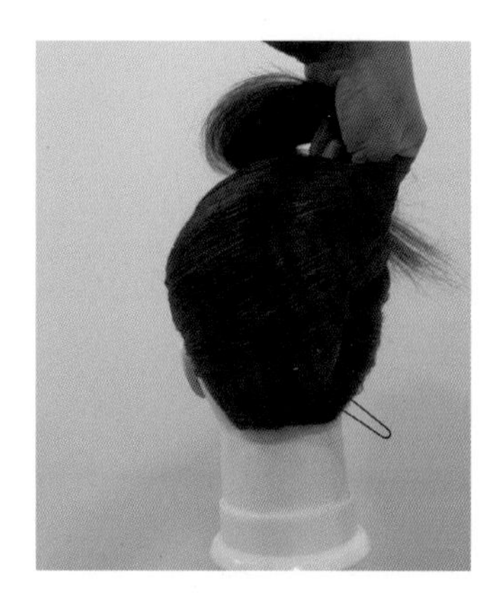

20 힘 있게 꼬아서 계속 당겨 준다. 텐션 있게 고정된 부분은 U핀으로 고정하면서 작업한다.

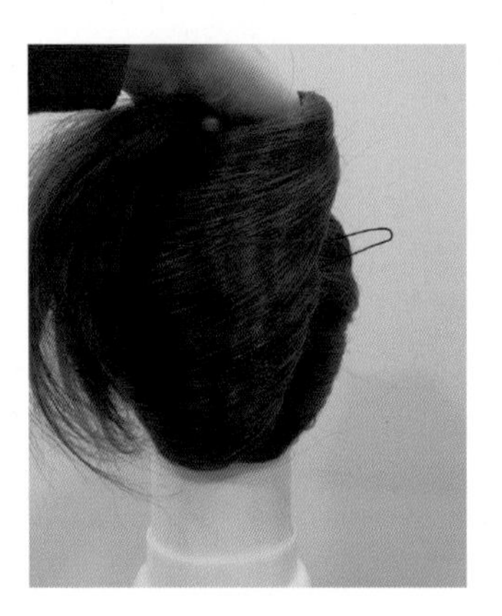

21 맨 위의 부분까지 텐션 있게 잡아 주고 U핀으로 고정한다.

22 소라 모양이 만들어진 모습이다.

23 핀셋으로 모양을 임의 고정하고 스프레이를 뿌린다.

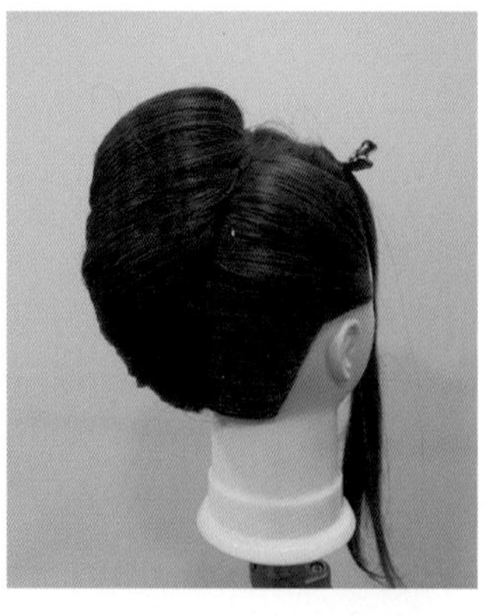

24 핀으로 고정된 모습이다.

25 소라의 맨 윗부분은 두피에 닿도록 하고, 남은 모발은 원형을 만들어 소라형 안으로 넣어 모양을 잡아 준다.

26 소라형의 톱 부분에 원형으로 모양을 잡아 준 모습이다.

27 앞머리는 왼쪽 가르마로 한다. 톱 부분부터 C의 형태로 볼륨 있는 모양을 만들어 준다. 핀컬핀으로 임의 고정하고 스프레이를 뿌려 준다.

28 얼굴 쪽으로 점차 낮아지는 C의 모양을 만들어 준다.

29 모양을 만들 때에는 빗질을 섬세하게 하여 모발이 엉키지 않도록 한다.

30 앞머리가 점차 아래쪽으로 낮아지게 5개의 모양으로 만들어졌다.

31 위의 2개 라인을 백 방향으로 빗질하여 잡는다.

32 위의 두 개 라인은 뒤쪽으로 넘겨 놓는다.
아래 3개의 라인을 빗질하여 조금 아랫부분에서 잡는다.

33 위로 넘겨 놓았던 2개 라인을 아래로 내려놓는다.

34 아래 3개 라인은 한번 꼬아서 두피에 핀컬핀으로 임의 고정한다.

35 핀컬핀을 고정하고 스프레이를 뿌려 준다.

36 위의 2개 라인도 아래의 모양과 유사하게 만들어 준다.

37 조금 윗부분에 위치하게 하고 아랫면처럼 꺾어서 스프레이를 뿌려 준다.

38 아래 3개 라인의 다음 부분을 C의 모양으로 잡아 준다.

39 C가 끝나는 부분에서 모발을 꺾어 주고 핀컬핀으로 고정 후 스프레이를 뿌려 준다.

40 위의 2개 라인도 교차되게 하여 C의 모양으로 잡아 준다.

41 C가 끝나는 부분에서 모발을 꺾어 주고 핀컬핀으로 고정 후 스프레이를 뿌려 준다.

42 소라형의 면을 따라 형태를 만든다.

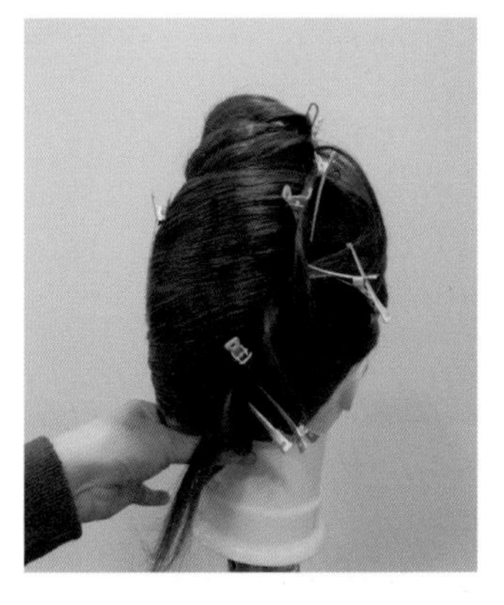

43 꼬은 모양을 끝까지 만들어 준다.

44 남은 모발은 실핀으로 정리하여 꽂아 준다.

완성 1

완성 2

완성 3

2. 내추럴 업스타일

1) 내추럴 라인 업스타일

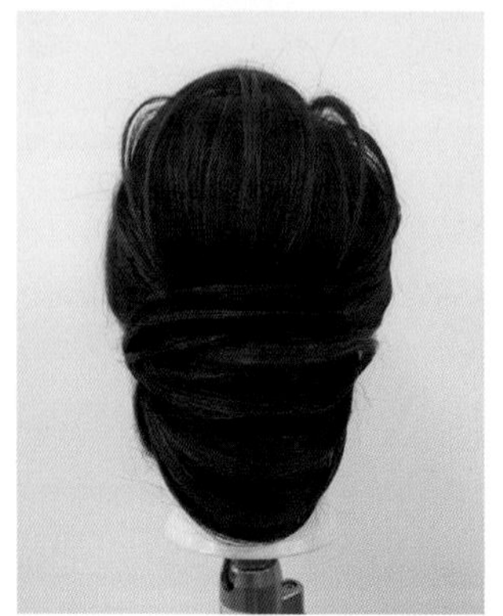

1 브로킹: 백은 하나로 잡는다.

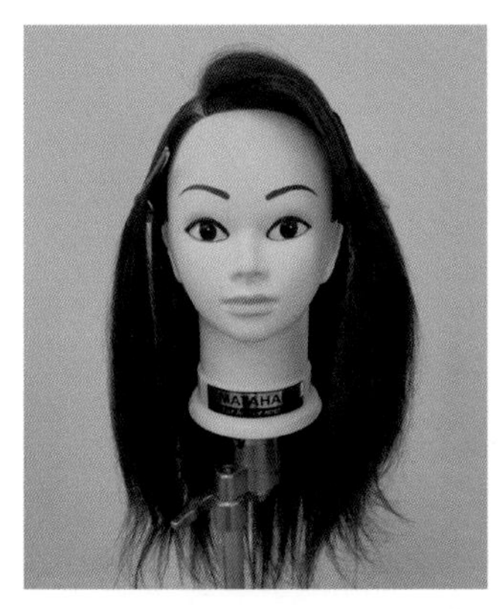

2 브로킹: 앞부분은 오른쪽 가르마로 한다.

3 브로킹: 옆 부분은 E.B.P까지 나눈다.

4 브로킹: 옆 부분은 E.B.P까지 나눈다.

5 백 부분을 B.P 지점에서 나눈다.

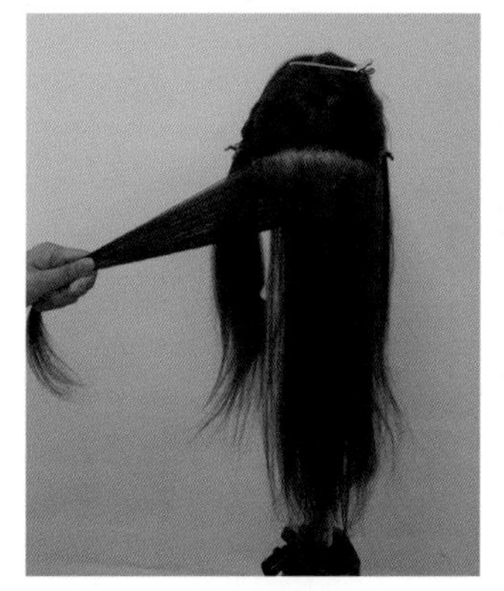

6 네이프 부분을 2cm 폭으로 버티컬 섹션으로 나눈다.

7 두상에 대해 90도 정도로 모발을 든다.

8 볼륨감이 형성되도록 백콤한다.

9 중간 정도에서 모발을 모아 두피 부분으로 넣어서 충분한 볼륨이 형성되도록 한다.

10 두피 부분으로 꼭꼭 밀어 넣는다. 균일하게 모발이 모아질 수 있도록 한다.

11 충분한 볼륨감이 형성되었다.

12 센터라인까지 진행하고 오른쪽은 백콤을 센터 면에 진행한다.

13 동일한 방법으로 진행한다. 볼륨감이 충분히 생길 수 있도록 한다.

14 네이프 부분 전체에 진행한다.

15 B.P 윗부분은 가로 섹션으로 백콤을 톱에서부터 한다. 섹션의 폭은 2cm 정도로 한다.

16 두피 부분으로 꼭꼭 밀어 넣는다. 균일하게 모발이 모아질 수 있도록 한다.

17 충분한 볼륨감이 형성되도록 여러 번 백콤한다.

18 아래 방향으로 동일하게 진행한다.

19 B.P 윗부분 모두에 백콤잉을 진행한다.

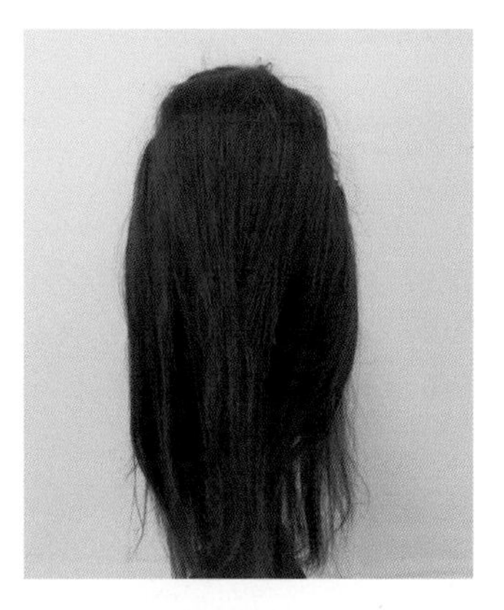

20 위에 백콤 한 모발을 내린다.

21 돈모빗으로 결을 정리하고 핀을 꽂을 위치에 손을 놓아 볼륨의 크기를 확인한다.

22 핀셋으로 임의 고정하고 모발이 흐트러지지 않도록 대바늘을 사이드 쪽에 받힌다.

23 앞부분에 모발을 조금 당겨 올려 튀어나와 보이게 한다.

24 빗겨진 모발의 위치대로 선 모양으로 튀어나와 보이게 작업한다.

25 오른쪽 부분의 핀셋을 빼고, 오른쪽 부분에 선 모양을 핀셋 위치까지 만들어 주었다.

26 전체적으로 비슷한 간격으로 선 모양을 만들어 율동감과 자연스러운 느낌을 준다.

27 핀셋이 있던 위치에 모발을 가운데로 모아 잡아 준다.

28 부분 고정 방법으로 모발을 고정하였다. (4. 머리 묶는 법 / 4) 부분 고정 묶기. 참고)

29 왼쪽 사이드 모발을 뒤 방향으로 빗질한다.

30 뒷머리가 고정된 부분까지 당겨온다.

31 실핀으로 고정한다.

32 네이프의 모든 모발을 오른쪽으로 보내고, 싱을 네이프 센터에 고정한다. (5. 핀 사용법 / 3) 싱 고정하기. 참고)

33 네이프 오른쪽으로 보내졌던 모발의 2/3 정도의 양을 수평으로 잡는다.

34 모발의 결을 정리하고 싱을 감싼다.

35 빗질을 하면서 작업하여 깨끗하게 싱이 감싸질 수 있도록 한다.

36 싱이 감싸졌으면 왼쪽 코너 부분에서 모발을 모아서 핀으로 고정한다.

37 남은 아래쪽 모발은 아래로 잡는다.

38 아래쪽을 감싸며 핀을 꽂아 정리한다.

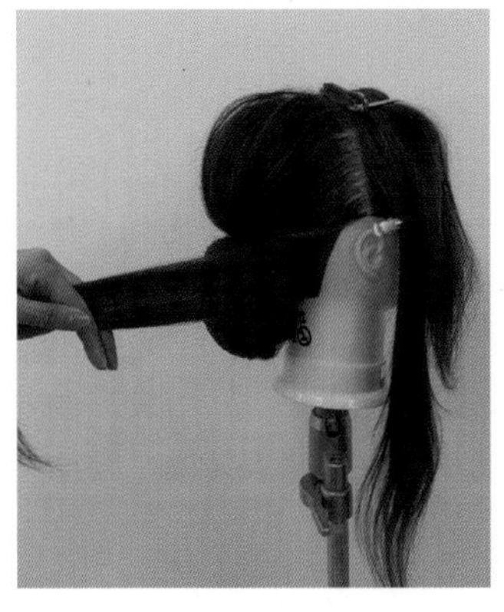

39 네이프에 남겨 두었던 1/3 정도의 모발을 빗질하여 잡는다.

40 싱을 감싸는 C의 모양으로 펼친다.

41 만들 모양을 확인해 본다. 확인 후 다시 내려놓는다.

42 1/3 남겨 두었던 모발을 위쪽부터 선 모양으로 잡는다. 싱 위에 핀셋으로 임의 고정하며 모양을 만든다.

43 아래쪽으로 진행한다. 선이 만들어지면 스프레이를 뿌려 고정한다.

44 맨 아래까지 선 모양을 만들어 준다

45 선을 만들고 남은 모발끝 부분은 한 번에 잡아서 돌돌 말아 원 모양으로 만든다.

46 핀셋으로 임의 고정한다. 스프레이를 뿌려 준다.

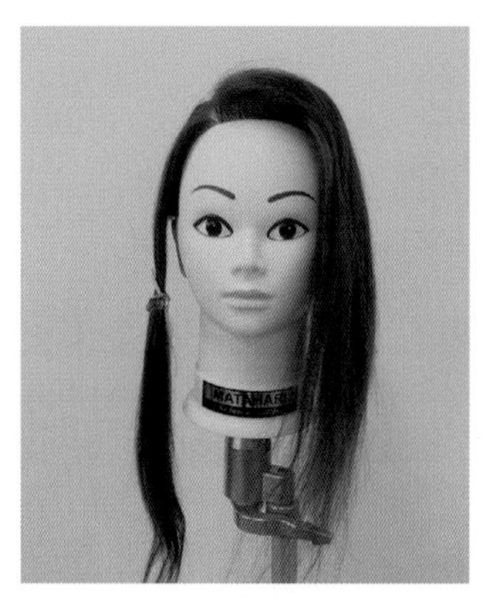

47 앞머리는 오른쪽 가르마로 한다.

48 톱 부분부터 C의 형태로 만든다. 핀셋을 꽂아 임의 고정한다. 형태가 만들어지면 스프레이를 뿌려 고정한다.

49 아래 방향으로 C의 모양을 만들어 준다. 조금씩 낮은 C의 모양으로 만든다.

50 다음도 동일하게 진행한다.

51 이마 쪽까지 동일하게 진행한다. 점차 낮아지는 C의 모양으로 만들어졌다.

52 C의 모양에서 이어진 선이 돌출되어 보일 수 있도록 손을 이용하여 모양을 잡아 주고 아래쪽 부분은 같이 잡는다.

53 귀를 충분히 덮도록 위치를 잡는다.

54 얼굴에서 위치를 확인한다.

55 귀가 덮이는 모양이 형성되었다.

56 뒤에서 U핀을 꽂아 고정한다.

57 오른쪽 사이드도 빗질하여 뒤쪽으로 당겨 준다.

58 뒤쪽에서 모발을 모아 준다.

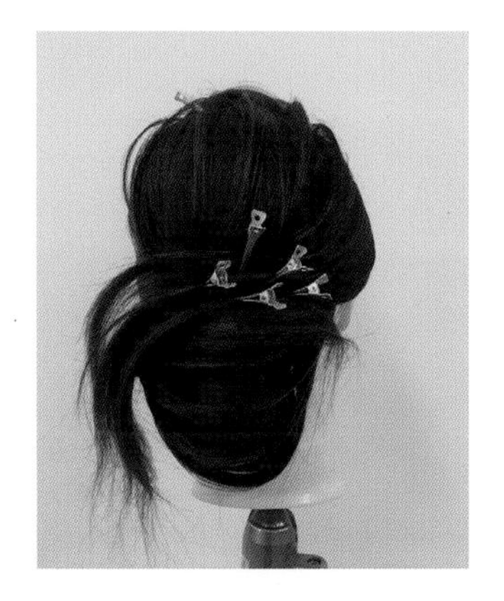

59 모아 준 모발을 조금씩 손으로 잡아 선 모양의 형태로 만들고 핀셋으로 임의 고정한다.

60 스프레이를 뿌려 고정한다.

61 남은 모발 끝은 왼쪽 코너의 원 모양과 합해 준다.

완성 1

완성 2

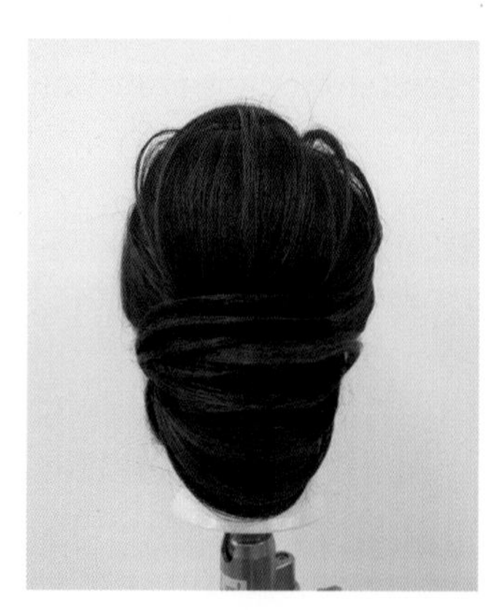

완성 3

2) 반올림 업스타일

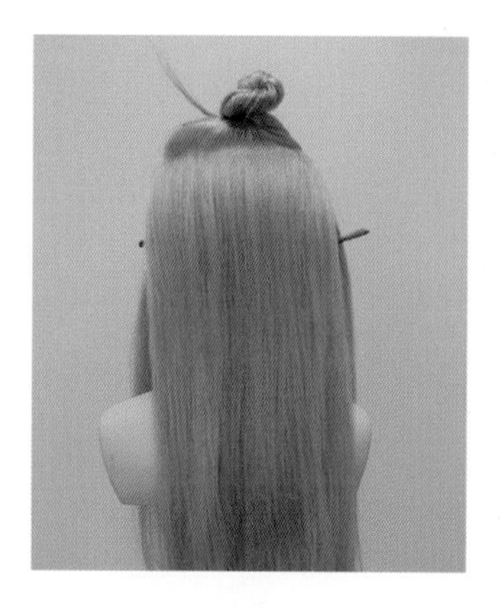

1 브로킹: 백은 G.T.M.P에서 나눈다.

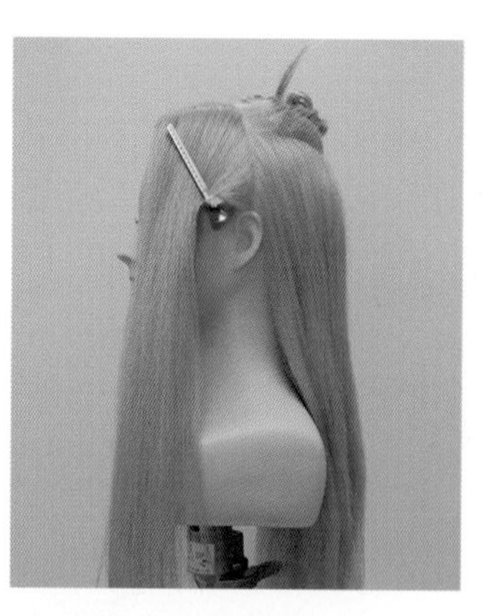

2 브로킹: 옆 부분은 E.P까지 나눈다.

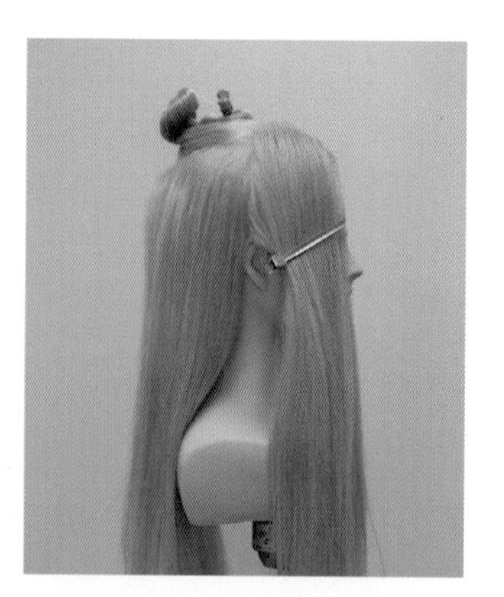

3 브로킹: 옆 부분은 E.P까지 나눈다.

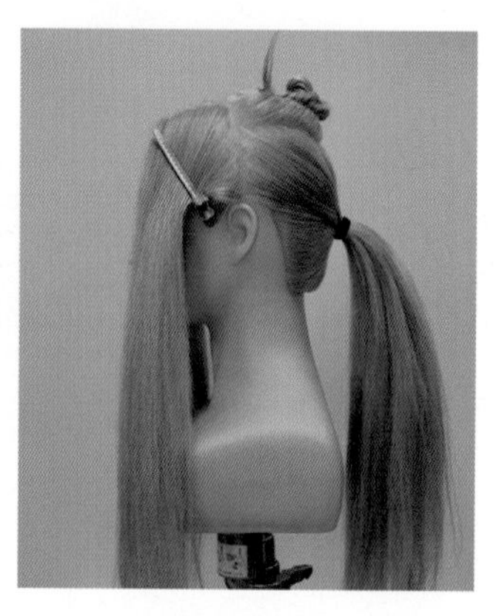

4 백은 하나로 O.B 지점에서 묶어 준다. (4. 머리 묶는 법 / 1) 기본 하나로 묶기. 참고)

5 위 부분의 모발은 백콤 한다.

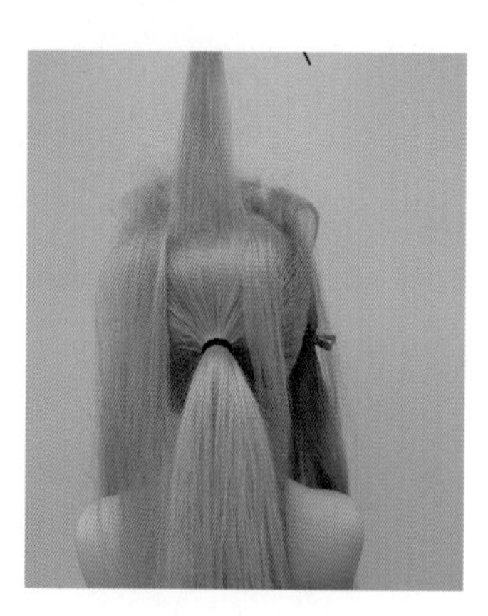

6 두피 부분에 볼륨감이 형성되도록 백콤 한다.

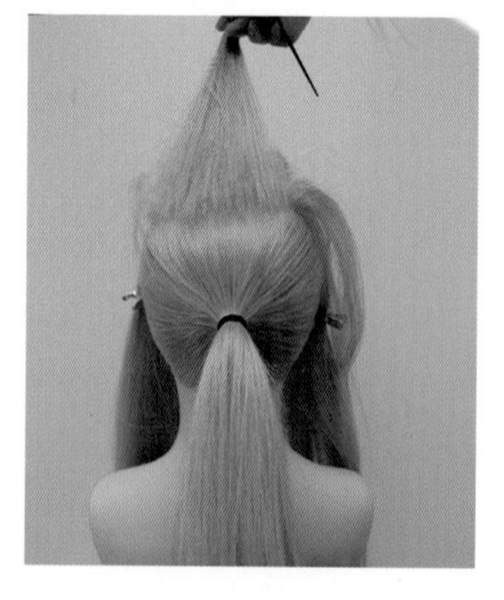

7 G.T.M.P 부분까지 모두 백콤 하였다.

8 돈모빗으로 모발 결을 정리하고 아래로 내린다.

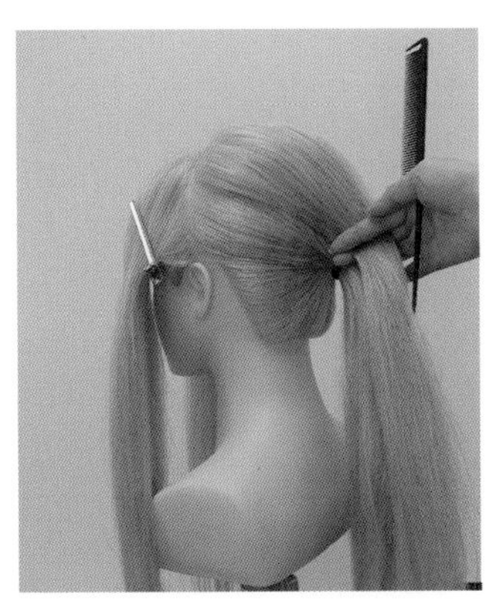

9 묶은 부분까지 모아서 내려 준다.

10 내린 모발은 묶인 부분에서 5cm 정도의 폭으로 위치하게 하고 가장자리에 U핀을 꽂아 흐트러지지 않게 한다.

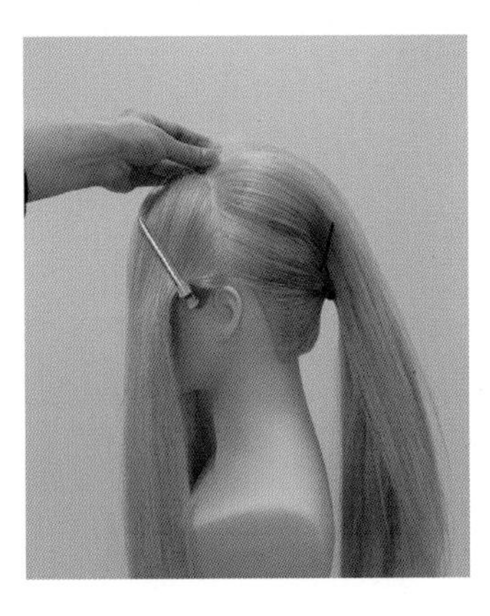

11 앞부분에 모발을 조금 당겨 올려 튀어나와 보이게 한다.

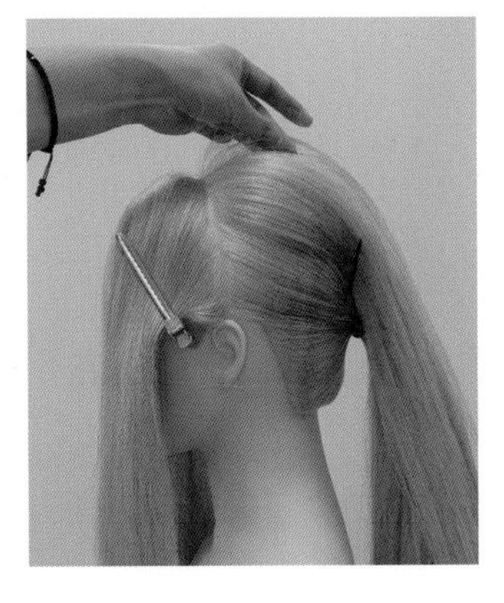

12 빗겨진 모발의 위치대로 선 모양으로 튀어나와 보이게 작업한다.

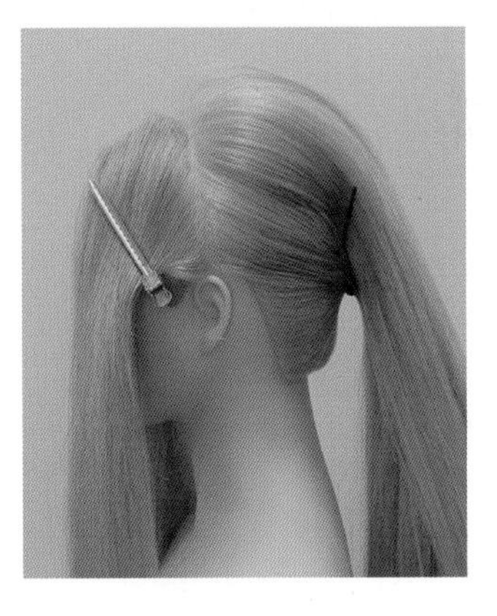

13 묶인 모발이 있는 위치까지 선 모양을 만들어 준다.

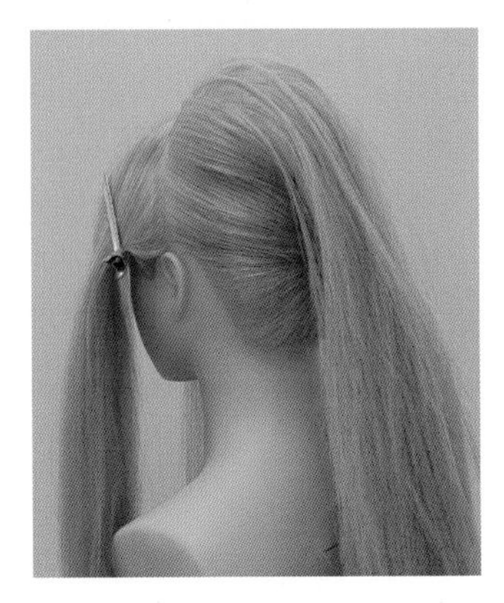

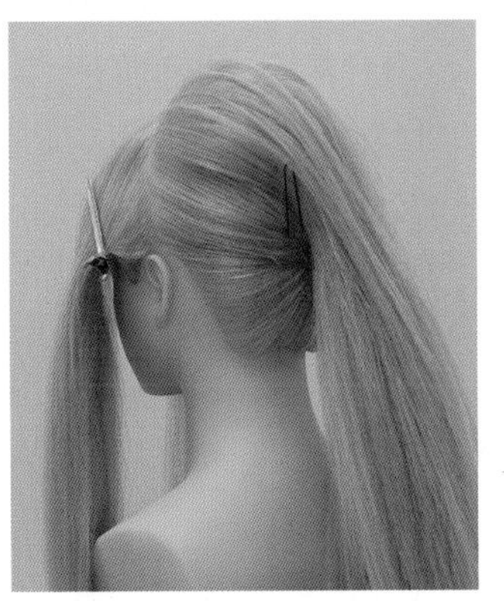

14 비슷한 간격으로 선 모양을 만들어 율동감과 자연스러운 느낌을 준다. 선 모양이 만들어지면 스프레이를 뿌려 고정한다.

15 톱 부분에 선 모양이 만들어진 모습이다.

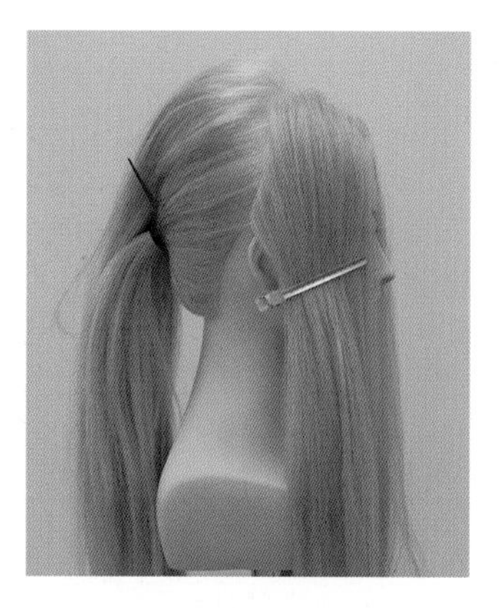

16 오른쪽도 동일하게 작업한다.

17 앞머리는 가운데 가르마로 한다. 가르마 부분에 작은 삼각형 모양으로 섹션닝한다.

18 삼각 섹션을 남겨 두고 윗부분부터 1.5cm 섹셔닝한다.

19 두피 부분에 조금만 백콤한다. (3. 백콤 / 4) 두피 부분 백콤. 참고)

20 다음 섹션도 동일하게 진행한다.

21 F.S.P까지 백콤 한다.

22 백콤 된 모발을 내려놓는다.

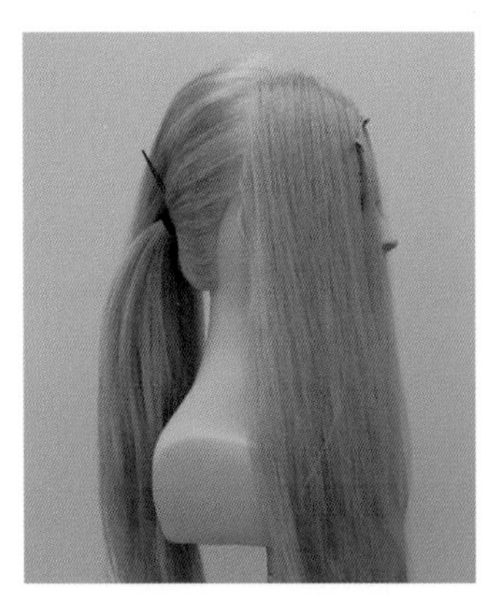

23 반대쪽도 동일하게 진행한다.

24 빗질하여 결 정리 후, 귀를 덮으며 뒤쪽으로 향하는 모양을 잡아 본다.

25 다시 빗질 후에 뒤쪽부터 조금씩 빗질하여 두상에 밀착되도록 모양을 잡는다. 모양을 잡으면 핀셋으로 임의 고정하고 스프레이를 뿌려 준다.

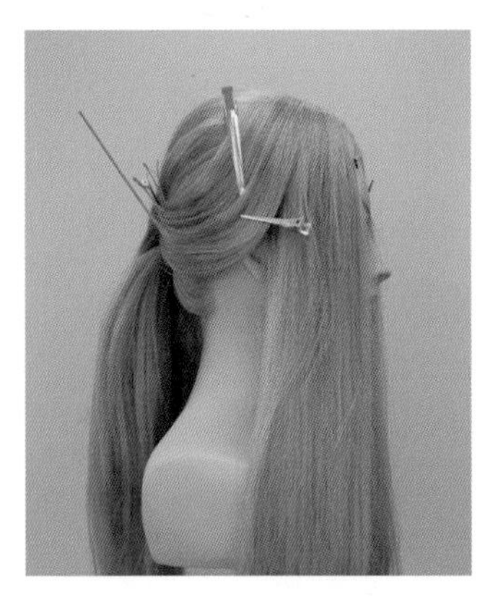

26 다음도 조금 빗질하여 두상에 밀착되도록 모양을 이어준다.

27 다음도 동일하게 진행하고 스프레이를 뿌려 고정한다. 모발 끝부분은 묶은 모발 쪽으로 넘겨준다.

28 손으로 모발을 잡아 돌출된 모양을 만들어 주고 U핀을 꽂아 튀어나온 모양을 임의 고정한다. 스프레이를 뿌려 준다.

29 같은 방법으로 돌출된 모양을 만들어 준다.

30 전체적으로 밸런스를 보면서 선의 모양을 만들어준다. 스프레이를 뿌려 고정한다.

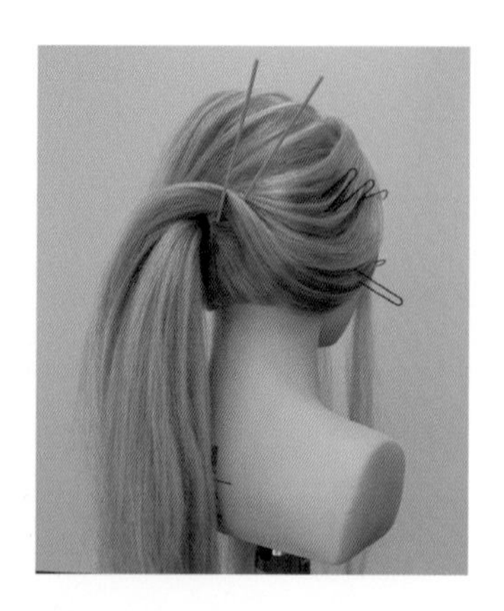

31 남은 모발의 끝부분은 묶은 모발 쪽으로 보내 준다. 묶은 모발 부분에서 한 번 틀어서 대바늘 위에 올려 준다.

32 왼쪽 모발도 동일하게 뒤쪽으로 C 모양을 잡는다.

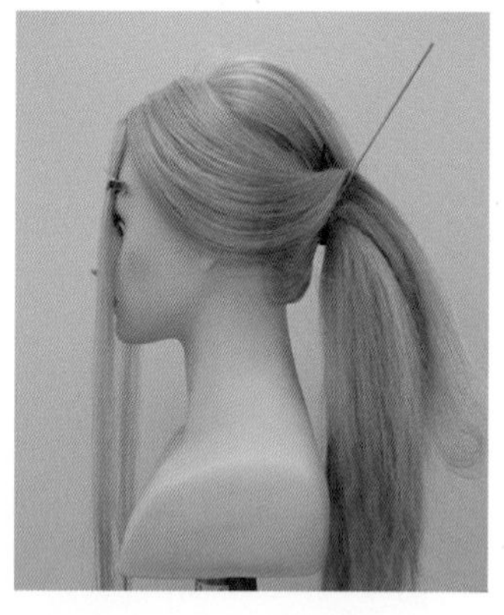

33 모발 끝부분은 묶은 모발 자리에서 대바늘 위에 올려놓는다.

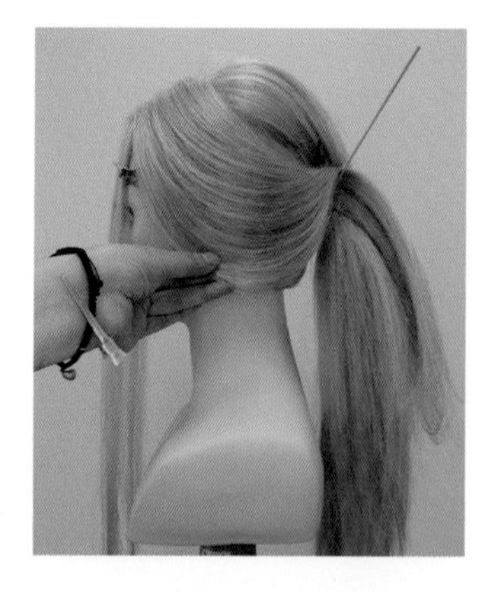

34 귀를 덮는 모양을 잡아 준다.

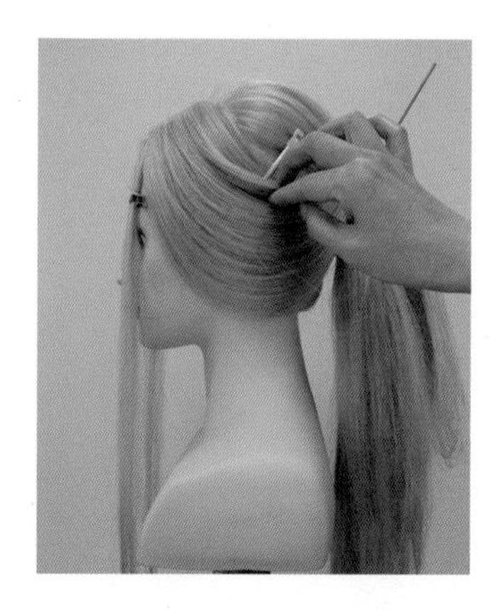
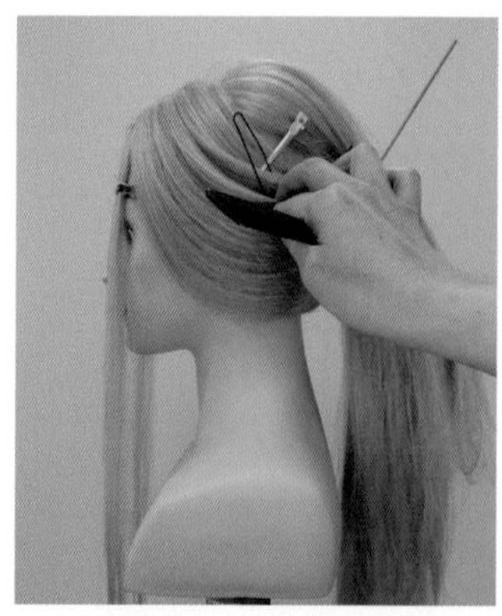
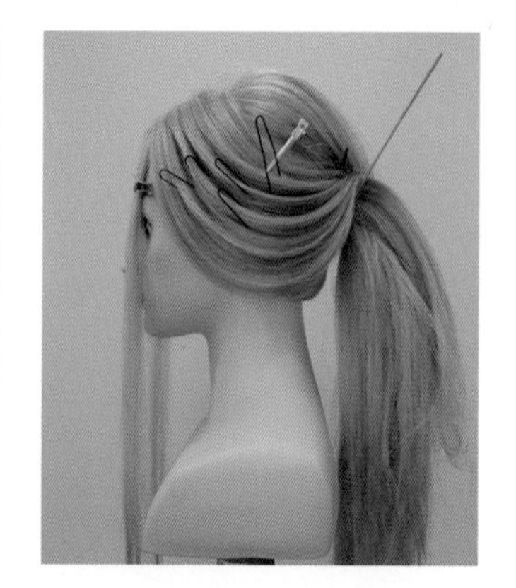

35 손으로 돌출된 모양을 만들어 주고 U핀으로 고정될 수 있도록 한 후, 스프레이를 뿌려 준다.

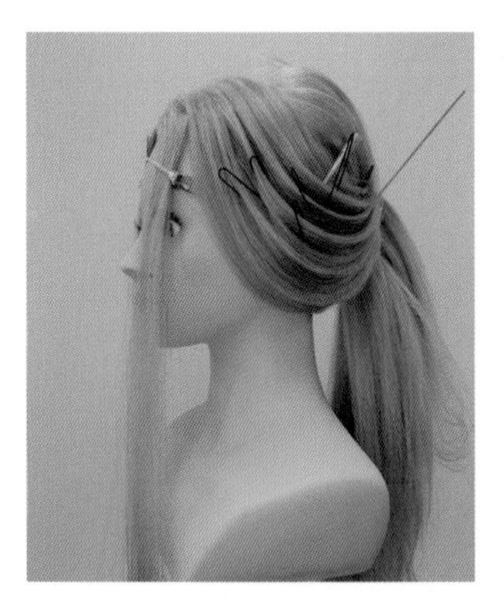

36 전체적으로 밸런스를 맞춰 준다.

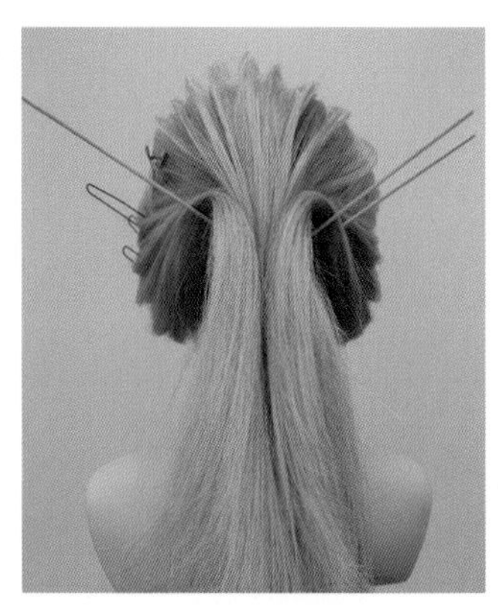

37 남은 모발 끝부분이 대 바늘에 얹어져 있는 모습이다.

38 부분 고정 방법으로 묶인 자리에 모발을 고정하였다. (4. 머리 묶는 법 / 4) 부분 고정 묶기. 참고)

39 아래쪽 모발을 조금 잡아서 고무줄 부분을 감싸 준다.

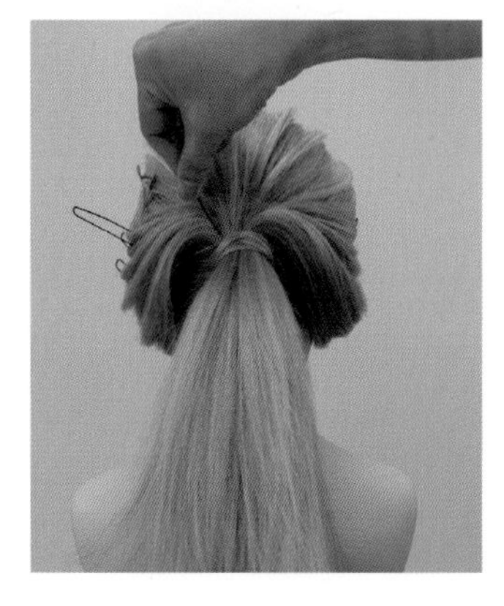

40 실핀으로 돌린 모발 끝을 잡아서 꽂아 고정한다.

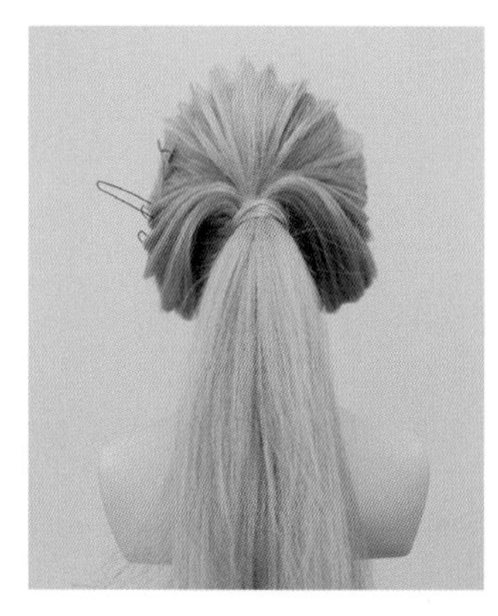

41 고무줄이 감싸진 모습이다.

42 묶여진 모발을 원형 아이롱으로 웨이브를 만들어 준다.

43 굵은 웨이브 모양으로 형태가 만들어졌다.

44 모든 묶은 모발에 웨이브를 만든다.

45 전체 웨이브가 만들어진 모습이다.

46 가로로 섹셔닝한다.

47 묶인 쪽 부분으로 백콤 해 준다.

48 아래쪽 부분으로 계속 백콤 한다.

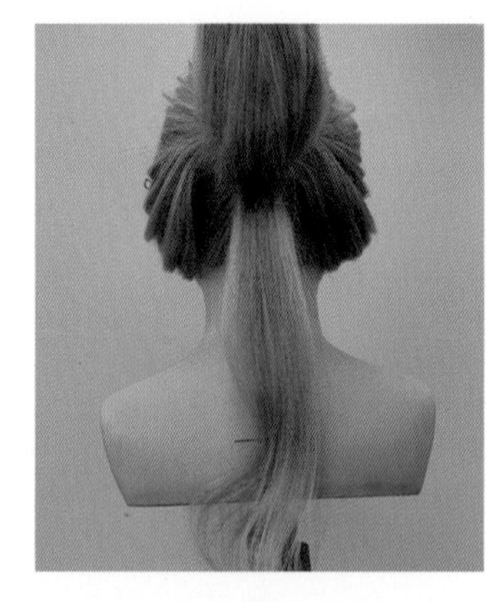

49 맨 아래 섹션 하나는 백콤 하지 않는다.

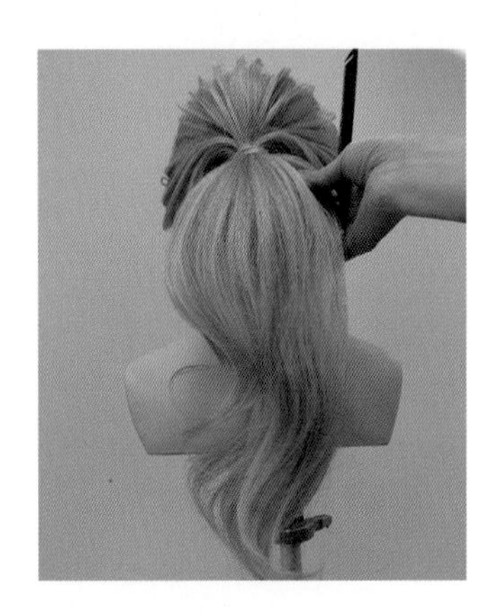

50 묶인 부분에서 모발을 양쪽으로 펼쳐 풍성한 모발 형태가 되도록 한다.

51 왼쪽 면부터 얇게 모발을 떠서 모양을 잡아 준다.

52 충분히 당겨서 C의 모양을 만든다. 스프레이를 뿌려 고정한다.

53 아래도 반대쪽으로 C의 모양을 만들어 S 모양이 되도록 한다.

54 아래 단도 얇게 모발을 잡아 모양을 만든다.

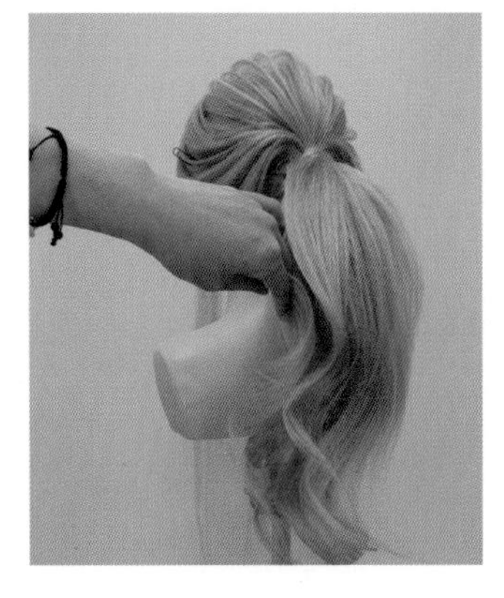

55 S 모양이 되도록 한다.

56 윗부분도 웨이브의 흐름대로 S 모양을 잡아 준다.

57 스프레이를 뿌려 고정한다.

58 반대쪽도 비슷하게 작업한다.

59 묶은 모발의 모양이 완성된 모습이다.

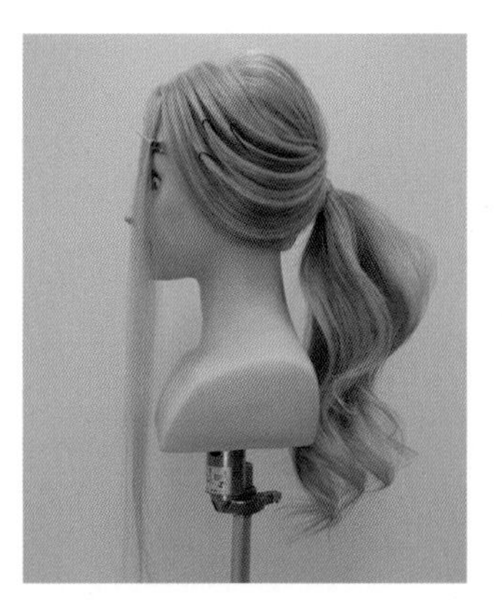

60 가르마 부분에 삼각형 섹션 부분이다.

61 빗질하여 잡는다.

62 굵은 원형 아이롱으로 웨이브를 만든다.

63 웨이브가 만들어진 모습이다.

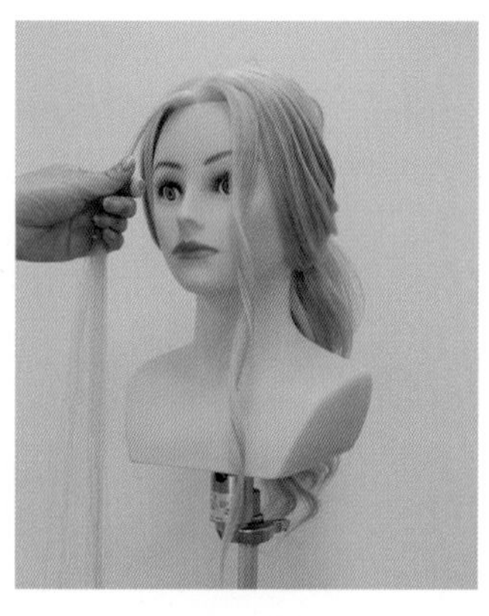

64 반대쪽도 빗질하여 잡는다.

65 굵은 원형 아이롱으로 웨이브가 만들어진 모습이다.

66 웨이브를 빗질하여 펼쳐 준다.

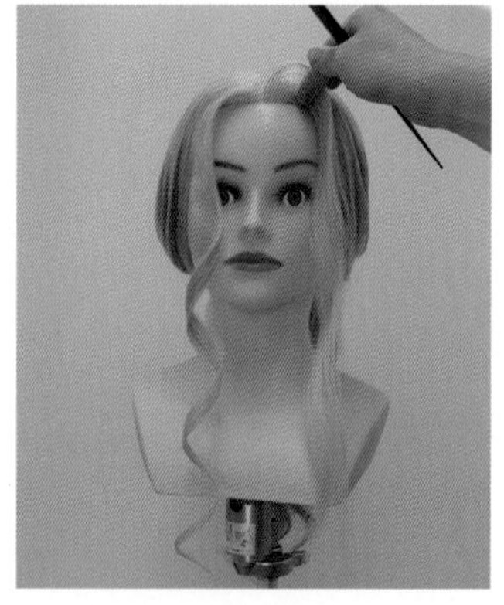

67 이마 부분에 C의 볼륨을 만들어 주고 스프레이를 뿌려 준다.

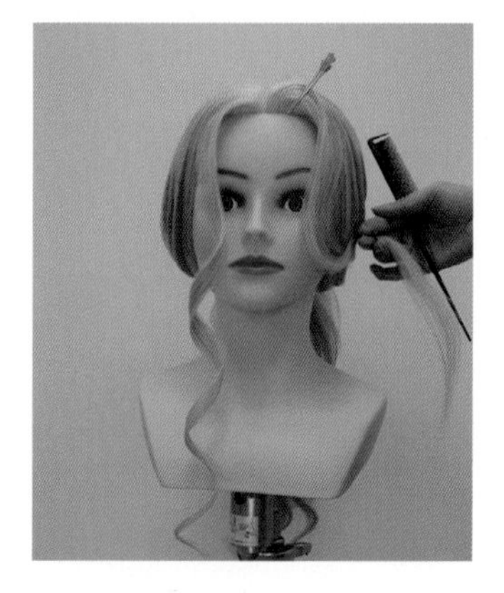

68 이마 부분에 핀셋을 잡아서 임의 고정한다.

69 옆 선을 이어서 따라가 준다.

70 옆 선 아래에 고리를 끼우고 모발을 넣는다.

71 고리를 빼내어 머리카락이 모발에 끼워질 수 있도록 한다.

72 반대쪽 가르마 부분이다.

73 이마 부분에 C의 볼륨을 만들어 주고 스프레이를 뿌려 준다.

74 옆 선을 이어서 따라가 준다.

75 옆 선 아래에 고리를 끼운다.

76 모발을 넣는다.

77 고리를 아래로 빼준다.

78 완성된 오른쪽 사이드 모양이다.

79 정면의 모습이다.

80 핀셋을 제거한다.

완성 1

완성 2

완성 3

3) 시뇽 내추럴 업스타일

1 브로킹: 백은 하나로 잡는다.

2 브로킹: 앞부분은 F.S.P에서 나눈다.

3 브로킹: 옆 부분은 E.B.P까지 나눈다.

4 브로킹: 옆 부분은 E.B.P까지 나눈다.

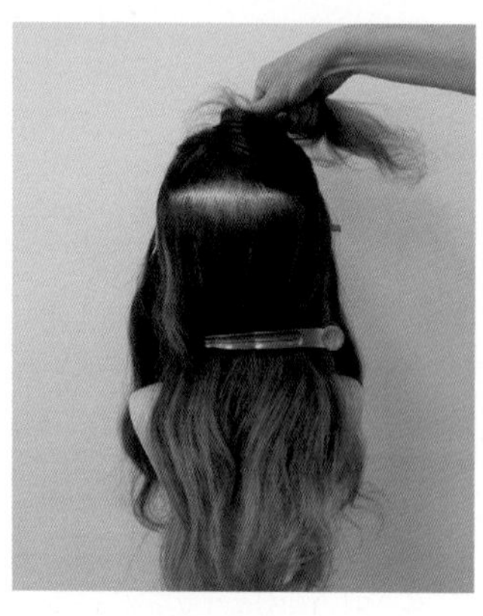

5 백은 G.M.P에서 나눈다.

6 윗부분은 돈모빗으로 백콤한다.

7 두피 부분에 볼륨감이 형성되도록 한다. 두피 부분으로 밀착되도록 백콤 한다.

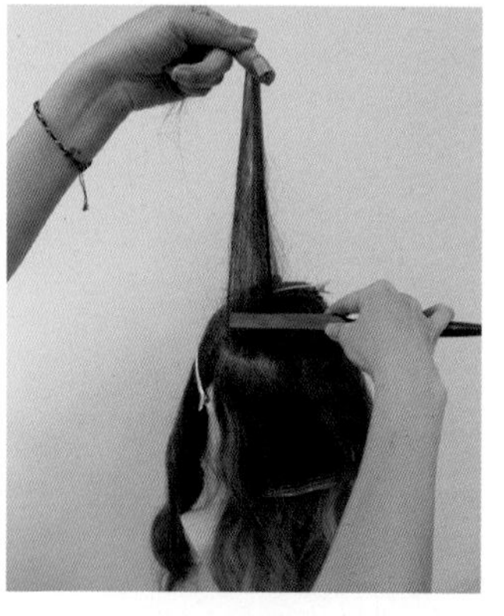

8 크라운도 동일하게 진행한다.

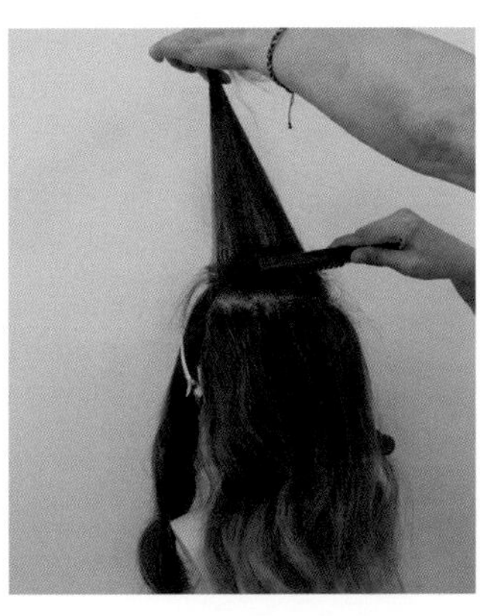

9 볼륨이 형성된 모습이다.

10 위까지 동일하게 백콤을 진행한다.

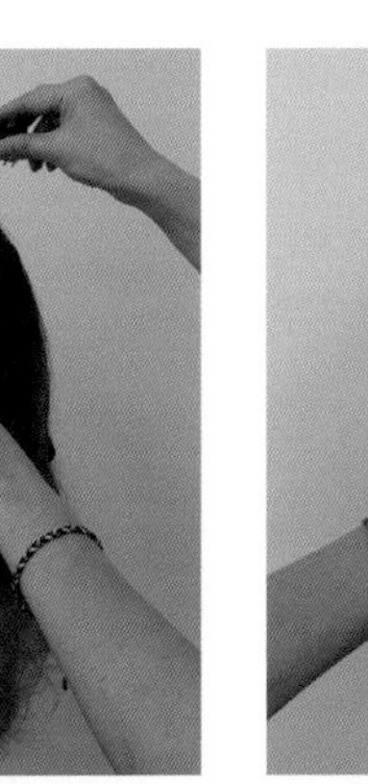

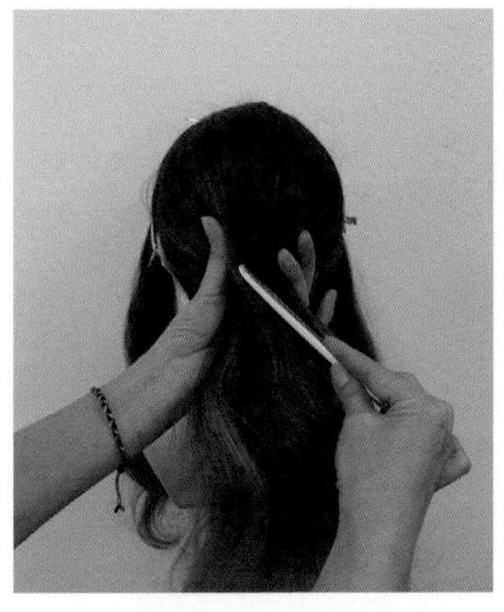

11 돈모빗으로 모발을 빗질하여 정리한다.

12 꼬리빗으로 겉면만 빗질한다. 모발이 묶일 위치에 손을 대고 빗질한다.

13 오른쪽 사이드 부분을 빗질하여 묶일 위치까지 가지고 온다.

14 모발을 묶어 준다. (4. 머리 묶는 법 / 1) 기본 하나로 묶기. 참고)

15 왼쪽 사이드는 묶지 않고 남겨 둔다.

16 앞머리에 백콤 한다.

17 두피 쪽만 볼륨이 형성되도록 백콤 한다.

18 앞머리 부분의 백콤이 되었다. 백콤 후 모발을 하나로 잡는다.

19 센터라인 조금 옆에 지점을 둔다. C의 모양이 지점부터 생기도록 모양을 만든다.

20 큰 C의 모양을 만든다.

21 핀컬핀으로 임의 고정하고 스프레이를 뿌린다.

22 같은 지점 아래에 조금 낮은 C의 모양을 만든다.

23 핀컬핀으로 임의 고정하고 스프레이를 뿌린다.

24 같은 지점 아래에 조금 더 낮은 C의 모양을 만든다.

25 핀컬핀으로 임의 고정하고 스프레이를 뿌린다.

26 얼굴 쪽으로 점차 낮은 C의 모양이 형성되었다.

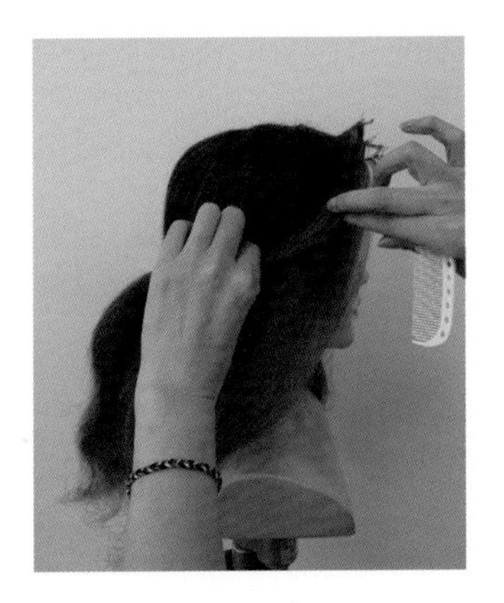

27 맨 위의 C의 선을 잡아 뒤쪽으로 향하는 모양을 이어서 만들어 준다.

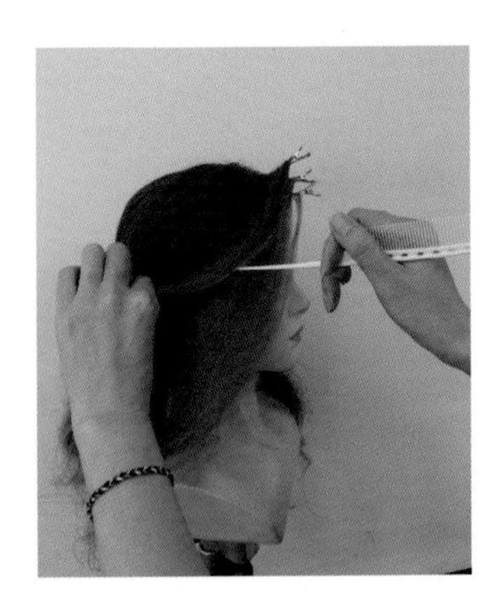

28 꼬리빗을 이용하여 모양을 다듬어 준다.

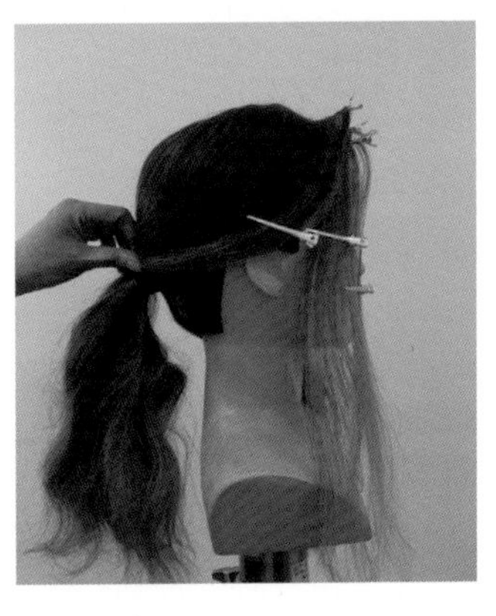

29 핀컬핀으로 임의 고정하고 스프레이를 뿌려 준다.

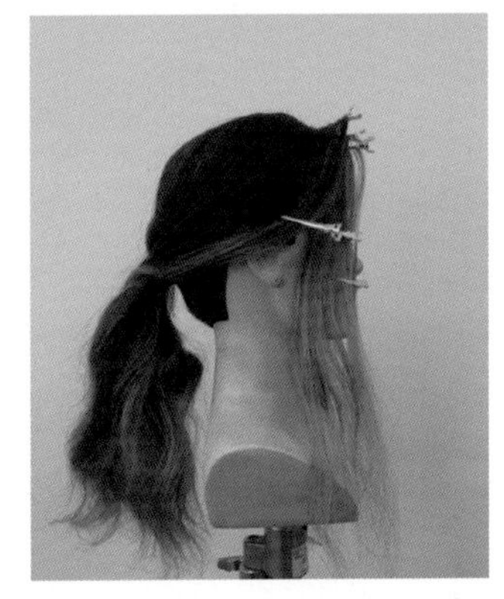

30 아래의 C 모양도 같은 방법으로 뒤쪽으로 향하게 만들어준다.

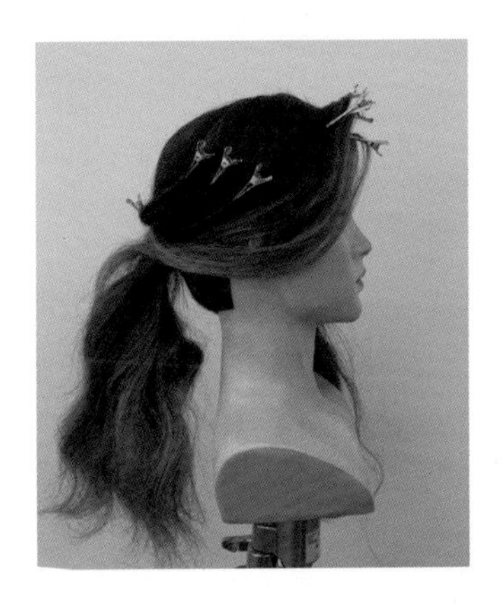

31 앞머리의 C 모양이 옆으로 이어져서 뒤로 보내졌다. 앞머리에서 이어진 부분 위쪽 부분도 세 개의 선 모양을 잡고 핀컬핀으로 임의 고정한다.

32 뒤쪽으로 이어진 모습이다.

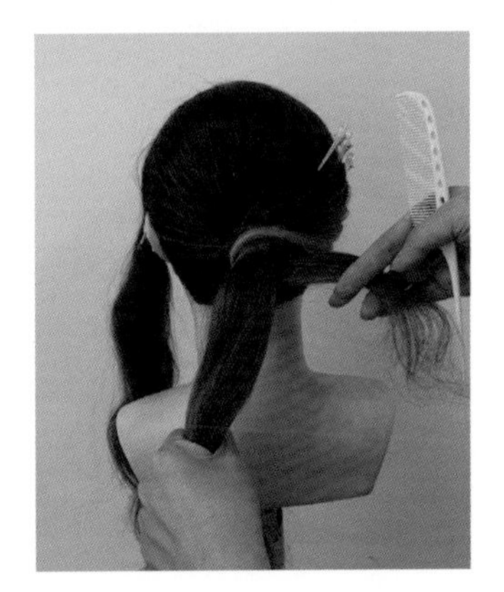

33 뒤쪽으로 보내진 모발의 끝부분으로 묶인 부분을 감싸 준다.

34 돌돌 말아 준다.

35 실핀을 꽂아 고정한다.

36 왼쪽 사이드 모발을 뒤쪽 방향으로 빗질한다.

37 묶은 부분까지 당겨온다.

38 묶은 모발 위에 얹는다.

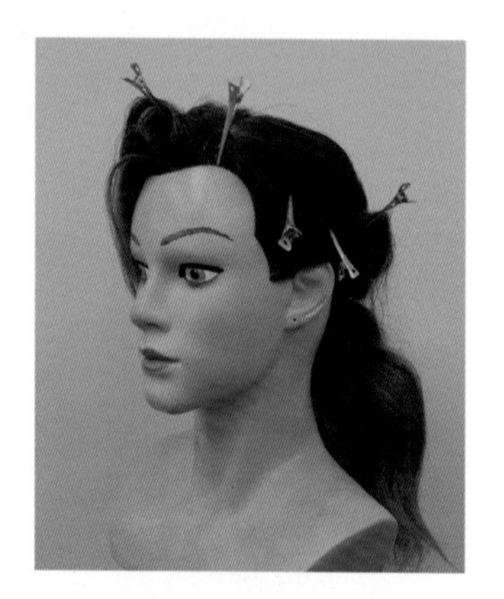

39 이마 부분에 볼륨을 만들고, 선 모양으로 이어지게 한다.

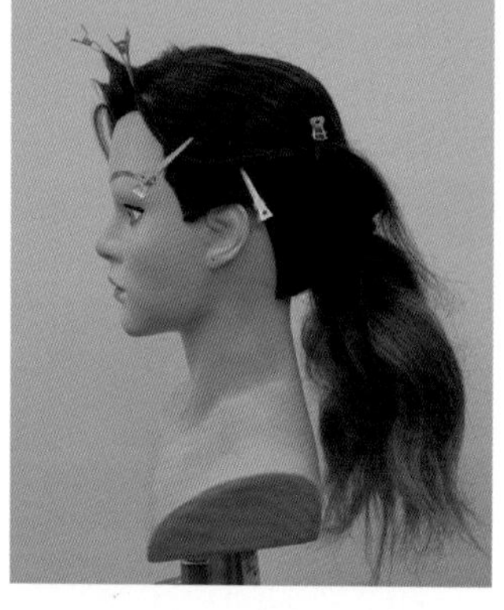

40 S 모양으로 선 모양을 잡아 준다.

41 가지고 온 모발을 묶은 모발에 말아 준다.

42 돌돌 말아서 실핀으로 고정한다.

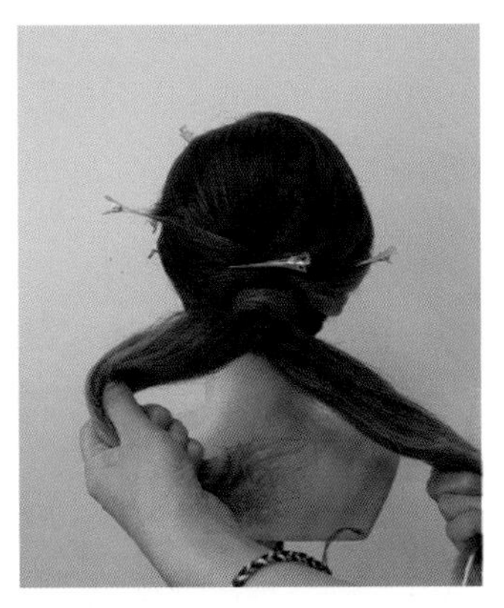

43 묶인 모발을 사선으로 나눈다. 위의 양은 2/3, 아래의 양은 1/3 정도로 한다.

44 아랫부분만 빗질하여 잡는다.

45 6cm 되는 부분에 고무줄로 묶는다.

46 묶은 부분을 사선 위쪽으로 위치한다.

47 실핀을 이용하여 두피에 고정한다.

48 싱을 아래에 고정한다. (5. 핀 사용법/1) 싱 고정하기. 참고)

49 U핀을 사용하여 싱을 고정한다.(5. 핀 사용법 / 3) 싱 고정하기. 참고)

50 싱이 고정되었다.

51 위에 올려두었던 모발을 반 내린다.

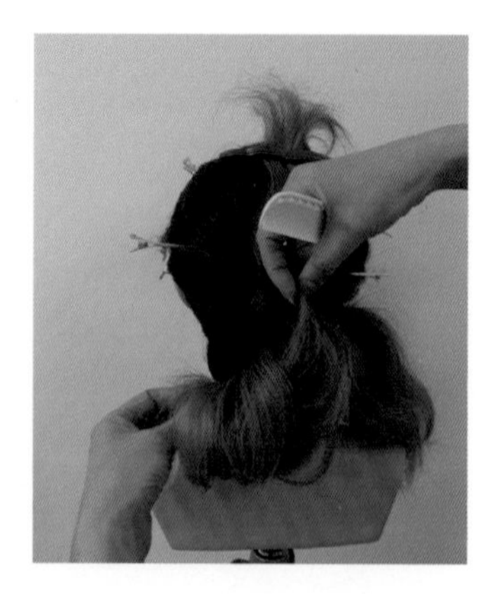

52 꼬아서 옆으로 느슨하게 보내 준다.

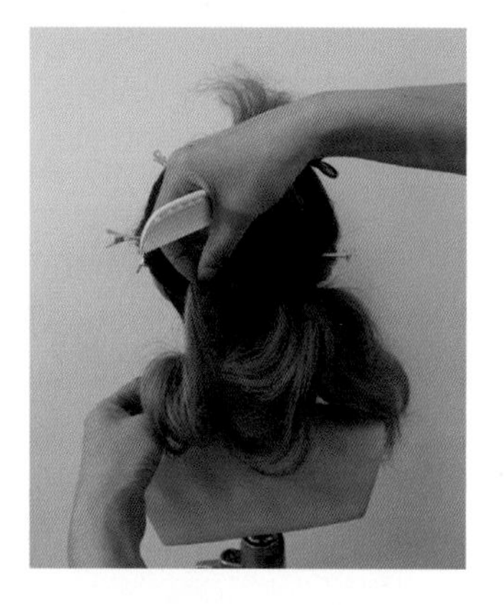

53 중간중간 잡아서 빼준다.

54 실핀과 U핀으로 고정한다.

55 위의 남겨 두었던 모발도 내려서 꼬아 준다.

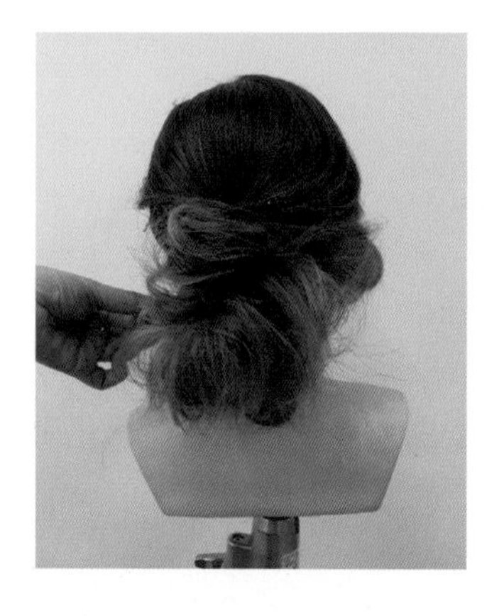

56 옆으로 보내서 조금씩 잡아 빼서 모양을 만들고 핀으로 고정한다.

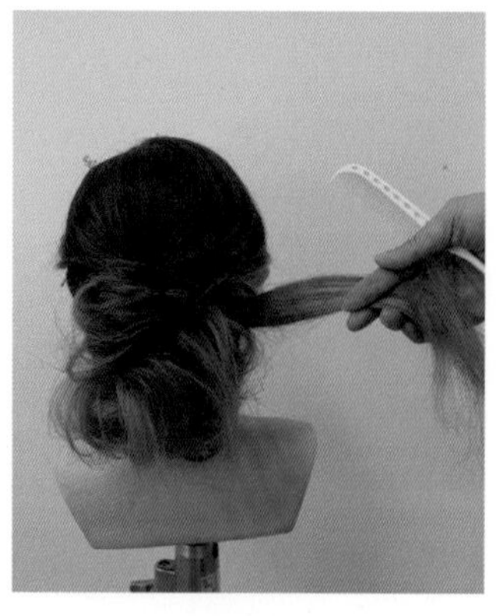

57 옆으로 묶어 놓았던 모발 끝 부분을 잡는다.

58 위쪽으로 올린다.

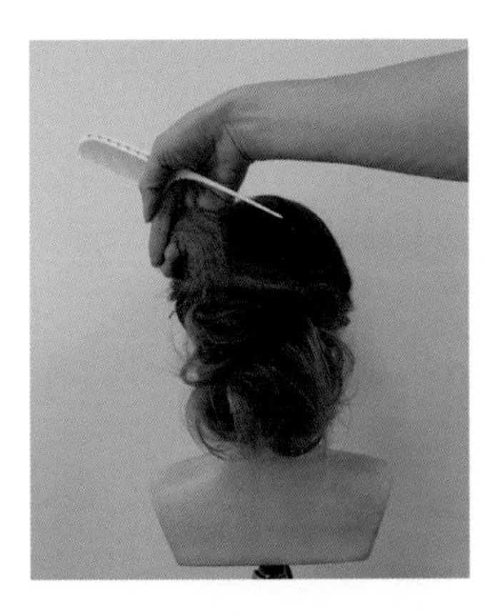

59 느슨하게 풀어진 형태를 만든다.

60 손가락으로 모양을 더 잡아 주고 핀으로 고정한다.

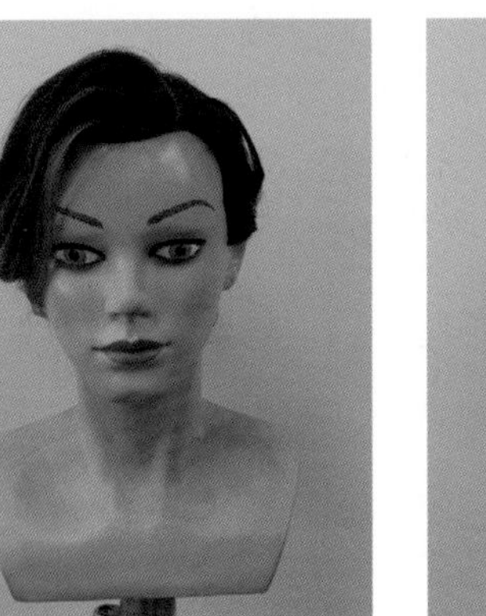

완성 1

완성 2

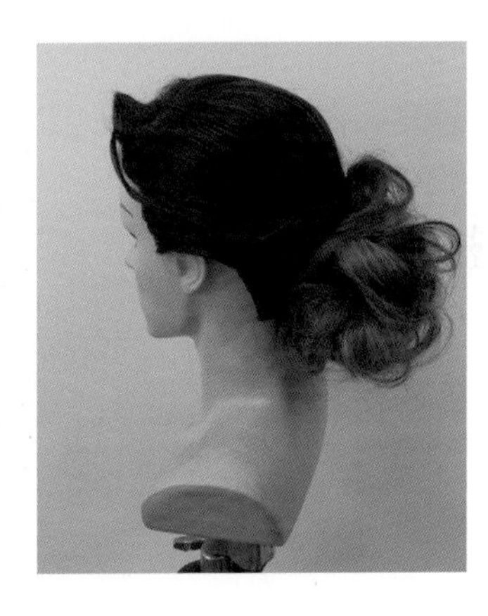

완성 3

4) 다운 땋기 업스타일

1 브로킹: 하나로 빗질하여 사이드 모발을 뒤로 가지고 와서 반묶음 하였다.

2 묶은 모발을 안으로 한 번 넣는다.

3 넣어진 형태이다.

4 한 번 더 안으로 넣어 준다.

5 두 번 말아진 상태이다.

6 위쪽으로 고무줄을 당겨 준다.

7 왼쪽 모발을 모두 잡아 세 등분으로 나눈다.

8 삼각땋기로 땋아 준다.

9 끝부분은 고무줄로 묶는다.

10 반대쪽도 동일하게 진행한다.

11 위에 말아 두었던 모양을 잡아서 빼내어 볼륨과 자연스러운 느낌을 준다.

12 군데군데 조금씩 모발을 잡아서 빼준다.

13 반대쪽도 동일하게 진행한다.

14 위의 묶은 부분에 자연스러운 볼륨이 형성되었다. 윗머리 부분도 조금씩 잡아서 빼내어 자연스러운 느낌을 만들어 주었다.

15 왼쪽 땋은 모발을 오른쪽으로 보낸다.

16 군데군데 조금씩 모발을 잡아서 빼준다.

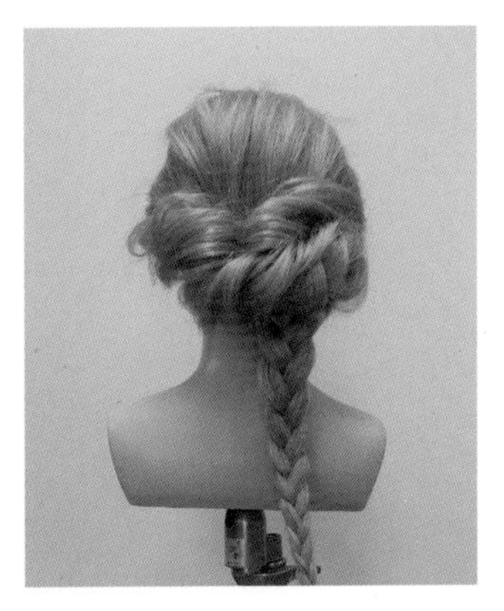

17 모양을 잡아 주고, 핀을 이용하여 고정한다. 모발 끝부분은 다시 왼쪽으로 틀어서 핀으로 네이프에 고정한다.

18 오른쪽 땋은 모발은 느슨하게 빼준다.

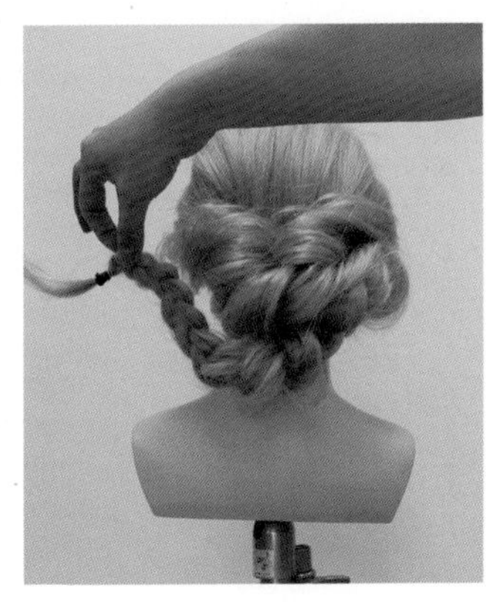

19 왼쪽으로 보낸다.

20 모양을 잡아 주고, 핀을 이용하여 고정한다. 모발 끝부분은 다시 오른쪽으로 틀어서 핀으로 네이프에 고정한다.

완성 1

완성 2

완성 3

5) 땋기 내추럴 스타일

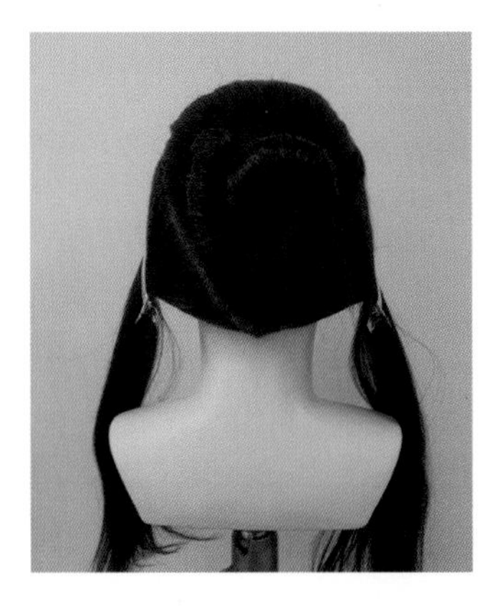

1 브로킹: 백은 앞머리부터 하나로 잡고 삼각형 모양으로 나눈다.

2 브로킹: 앞부분은 F.S.P에서 나누어 뒤로 삼각형으로 연결한다.

3 브로킹: 옆 부분은 위의 삼각형 부분을 제외한 부분이다.

4 브로킹: 옆 부분은 위의 삼각형 부분을 제외한 부분이다.

5 G.P에서 나눈다.

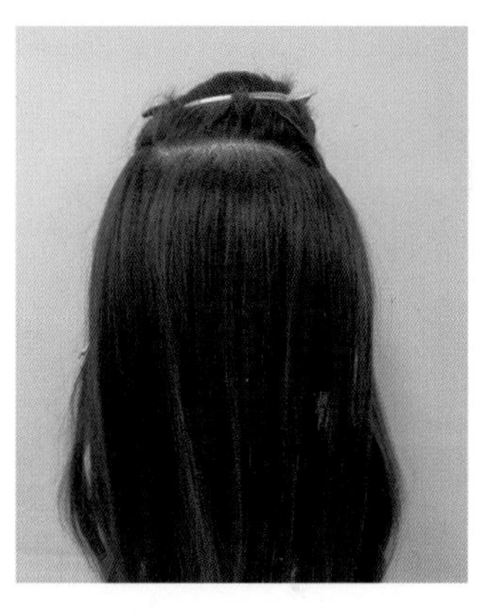

6 G.P에서부터 앞부분 쪽으로 두피 부분에 볼륨이 잡히도록 백콤 한다.

7 백콤 하고 아래로 내린 후 돈모로 가볍게 표면 빗질한다.

8 볼륨이 형성된 모습이다.

9 모발 결이 정리되었으면 핀셋으로 임의 고정한다.

10 사이드 부분도 섞이지 않도록 고정한다.

11 윗부분에 빗질한 결대로 모발을 조금씩 잡아 빼내어 튀어나온 모양을 만든다.

12 간격을 맞추면서 모양을 잡는다.

13 선 모양이 완성되면 핀셋을 제거하고 아랫부분에서 묶는다.

14 사이드 모발을 빗질한다.

15 뒤쪽으로 당겨서 삼각 아래 땋기를 한다.

16 땋은 가장자리를 느슨하게 빼주어 큰 형태를 만든다.

17 아래쪽을 묶고 옆으로 보낸다.

18 가로 방향으로 보낸 후, 남은 아래쪽은 묶은 부분 아래로 보내서 정리한다.

19 핀으로 고정한다.

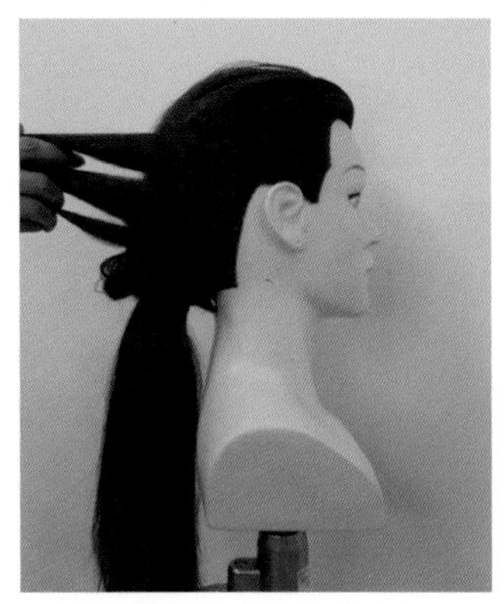

20 오른쪽 사이드로 뒤쪽으로 당겨서 세 등분으로 나눈다.

21 삼각 아래 땋기를 한다.

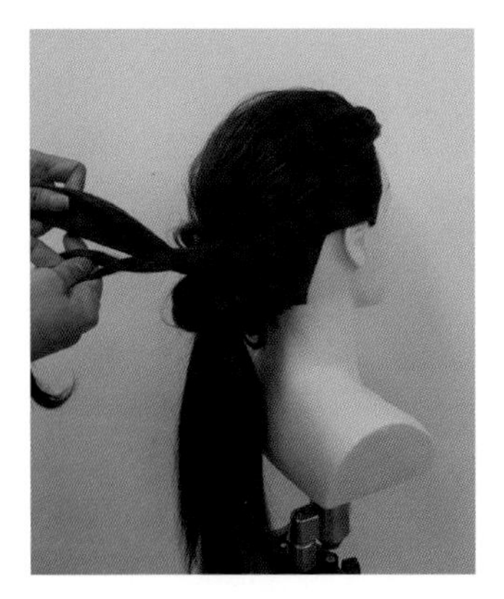

22 끝까지 땋아 준다.

23 가장자리를 빼준다.

24 땋은 모발을 묶고 옆으로 가로 방향으로 보낸다.

25 반대쪽과 동일하게 남은 모발은 묶은 모발의 아래로 보내어 정리한다.

26 아래 모발은 두 개로 나누어 꼬아서 묶는다.

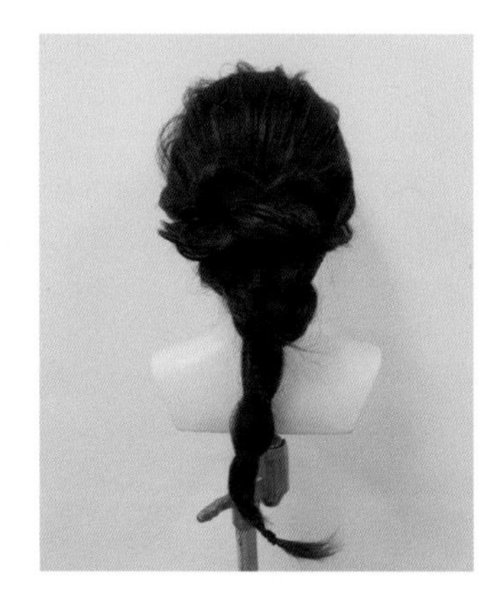

27 왼쪽 꼰 모발을 오른쪽으로 보내서 모발을 아래서 감싸고 핀으로 꽂아 정리한다.

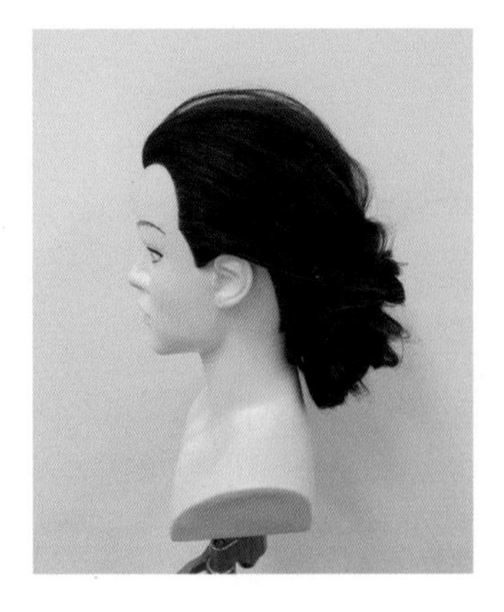

28 오른쪽 꼰 모발은 왼쪽으로 보내서 핀을 꽂아 정리한다.

29 아래 꼰 모발도 정리된 상태이다.

완성 1

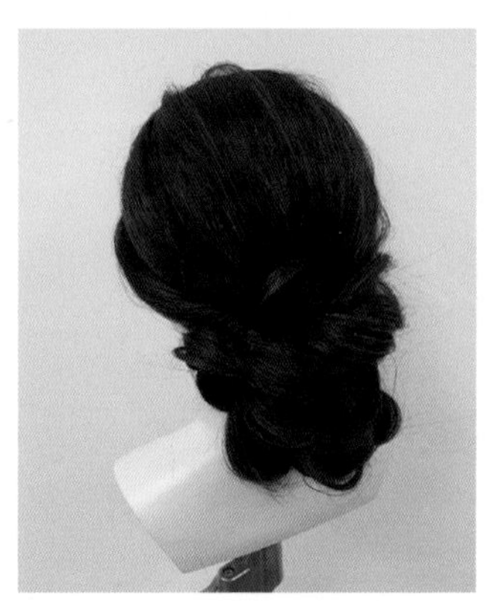

완성 2

완성 3

6) 묶어 땋기 내추럴 업스타일

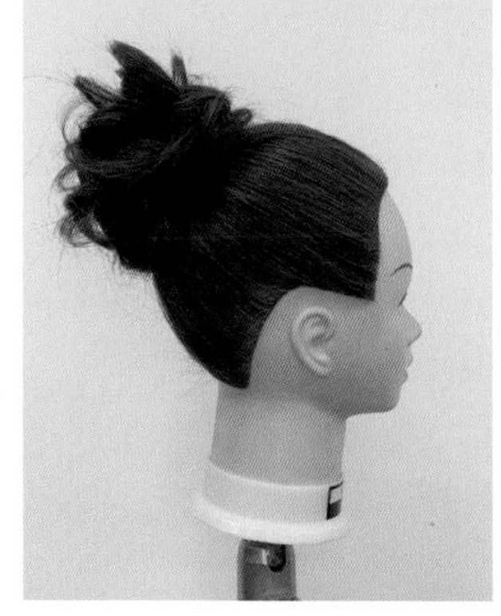

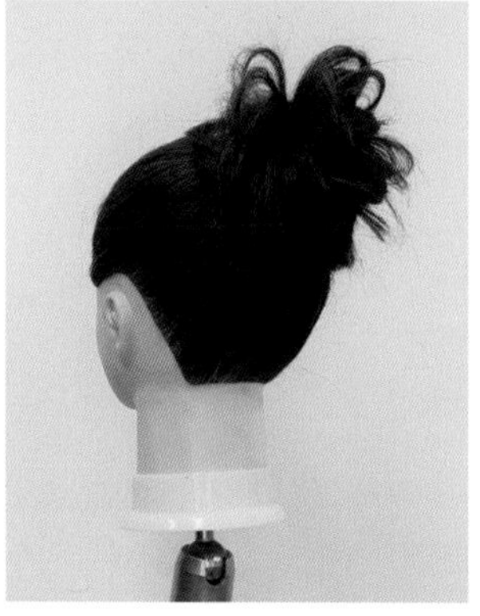

1 브로킹: 모발은 하나로 잡아 위에서 묶는다.

2 세로로 반으로 나눈다.

3 한쪽을 삼각 땋기로 느슨하게 땋는다.

4 나머지 한쪽도 삼각 땋기로 느슨하게 땋는다.

5 오른쪽의 땋은 모발을 위로 들어 올리고 손으로 조금씩 모발을 잡아 뺀다. (6. 기본 업스타일 테크닉/10) 모발 빼기. 참고)

6 사이사이 작업한다.

7 크기와 모양에 신경 쓰며 작업한다.

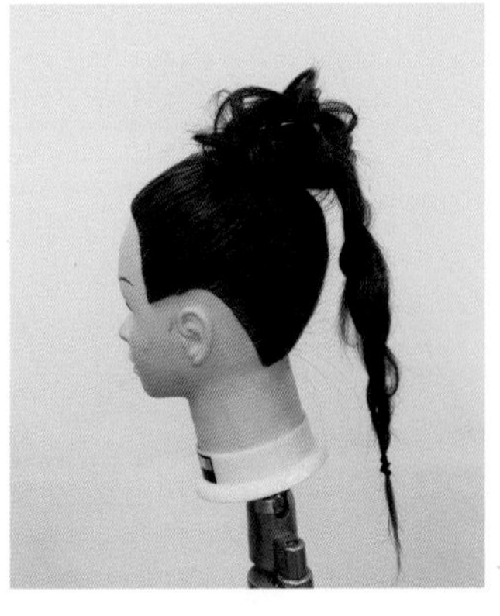

8 빼는 작업 이후 땋은 모발은 두피에 핀을 꽂아 고정한다.

9 실을 꽂고 필요 부분에 다시 빼는 작업을 하여 모양을 만든다.

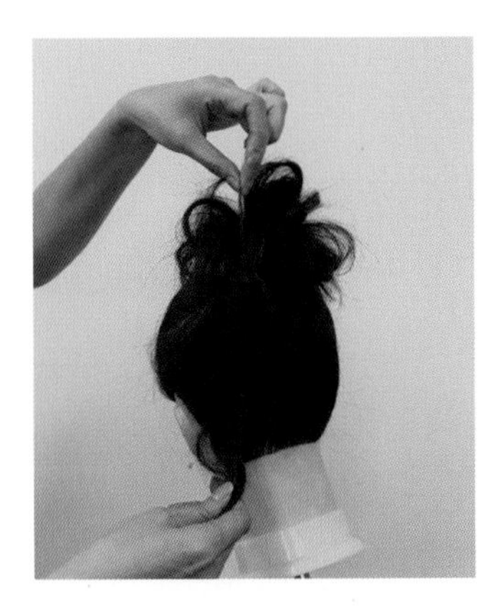

10 남은 땋은 모발도 빼는 작업을 한다.

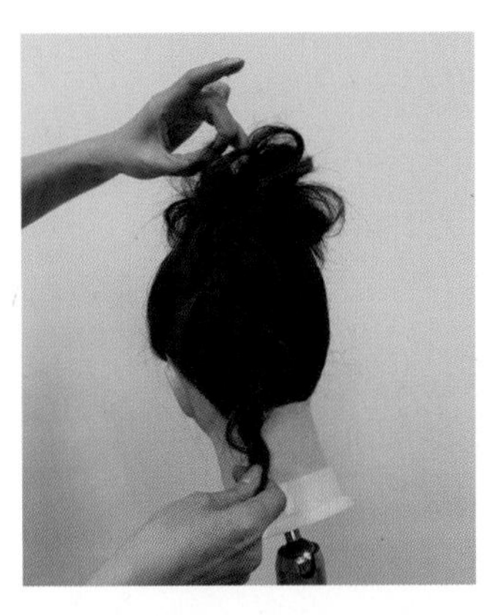

11 전체적으로 모발을 사이사이 빼준다.

12 아래쪽으로 돌리면서 실핀으로 두피에 고정한다.

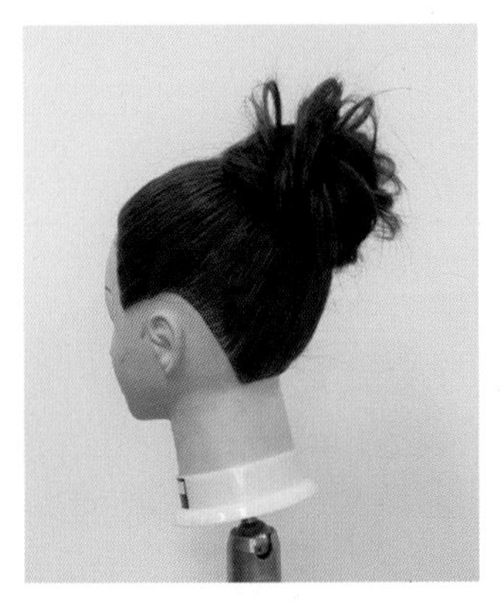

13 모양을 보면서 다시 빼는 작업을 해준다.

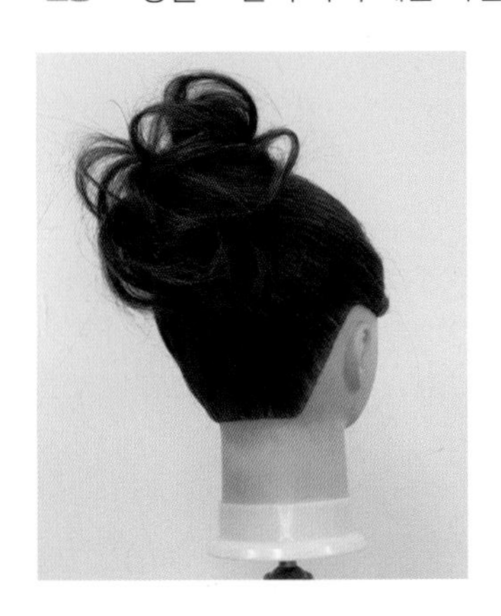

완성 1

완성 2

완성 3

7) 톱 내추럴 업스타일

1 브로킹: 모발은 하나로 잡아 위에서 묶는다. 10cm 아래서 다시 묶어 준다.

2 아래 묶은 부분과 처음 묶은 부분이 만나도록 하여 고리처럼 만들고 다시 하나로 묶는다.

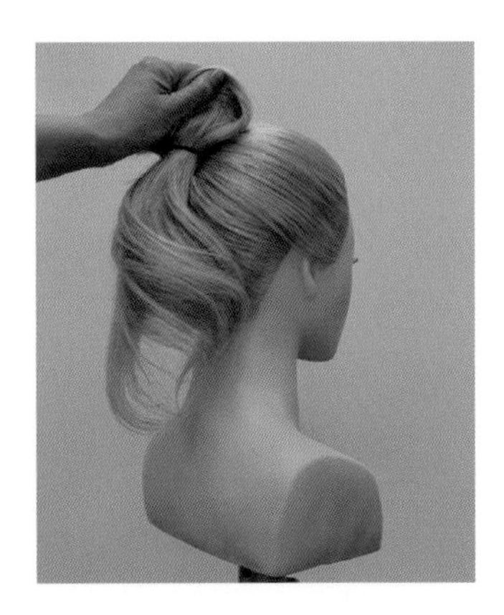

3 묶여진 고리 부분을 앞머리 쪽으로 밀어준다.

4 오른쪽 가장자리를 쭉 빼듯이 밀어주고 모양을 만들어 실핀으로 고정한다.

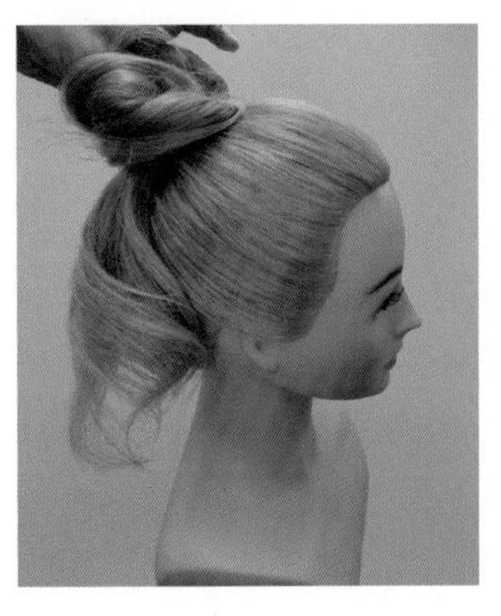

5 위쪽으로 밀어준 다음, 아래쪽으로 당겨서 내리듯이 밀어준다. 형태가 잡히면 실핀으로 고정한다.

6 지그재그 모양처럼 고리 부분의 모발을 위치하고 핀으로 고정한다.

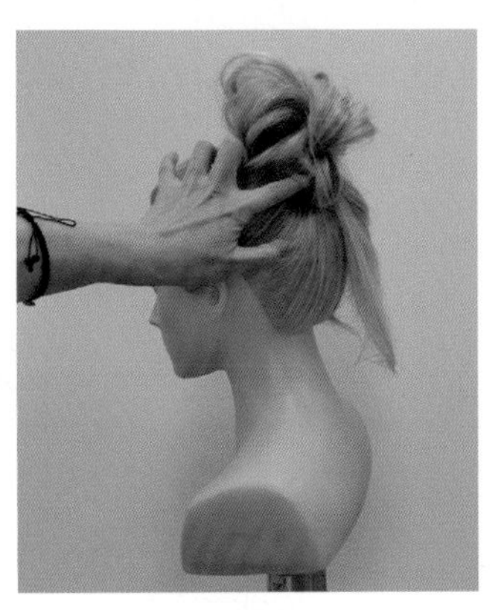

7 전체 모양이 만들어진 후, 사이사이 모발을 잡아서 빼준다.

8 전체적으로 모양을 보면서 섬세하게 잡아서 빼준다. 필요 부분에 스프레이를 뿌려 준다.

9 앞부분에서도 모양을 확인하며 잡아서 빼준다.

10 스프레이를 뿌려 고정해 준다.

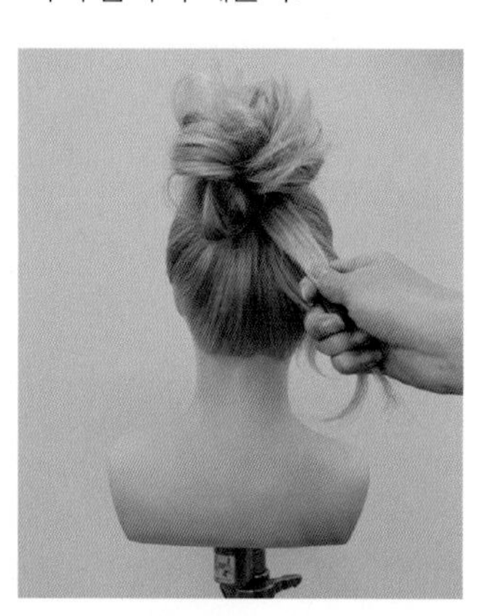

11 모발 끝부분은 빗질한다.

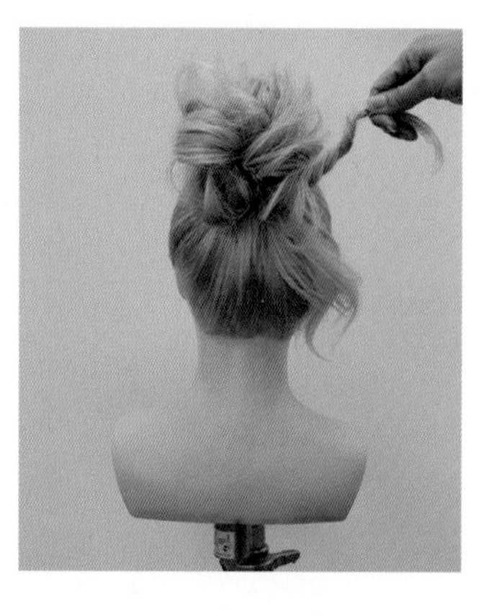

12 두 개로 나누어 윗부분을 꼬아 준다.

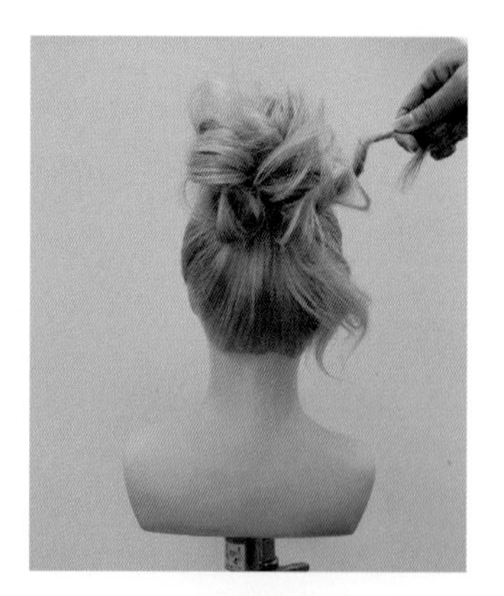

13 꼰 모발을 사이사이 잡아서 빼준다.

14 전체적으로 모발을 빼서 모양을 만든다.

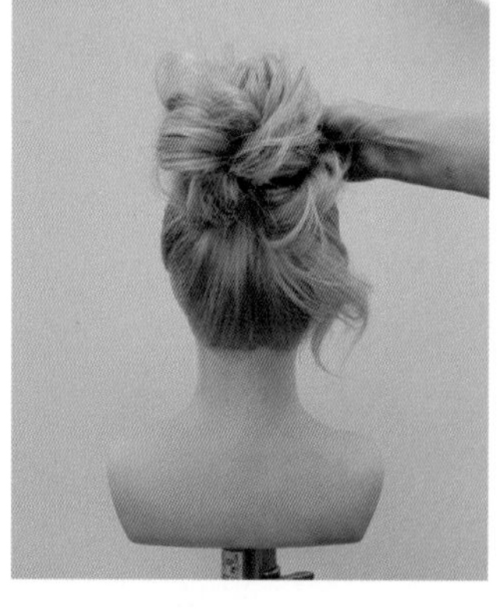

15 오른쪽 돌려서 실핀으로 두피에 꽂아 고정한다.

16 위로 올려야 할 부분은 U핀을 꽂아 입체감을 유지한다.

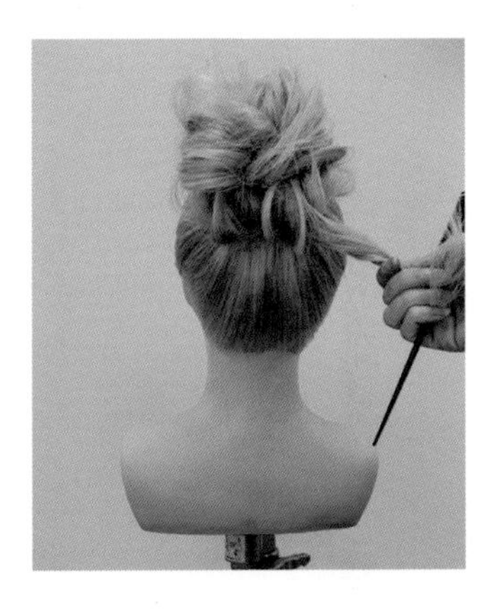

17 남겨 둔 아래 모발도 꼬아 준다.

18 모발을 잡아 빼준다.

19 왼쪽으로 돌려서 실핀으로 고정한다.

20 전체적으로 모양을 보며 잡아 빼준다.

21 입체감과 공간감이 있는 형태로 만들어 준다.

22 앞머리 부분이다.

23 모발을 조금씩 들어준다.

24 간격을 보며 조금 들어주어 입체감을 준다.

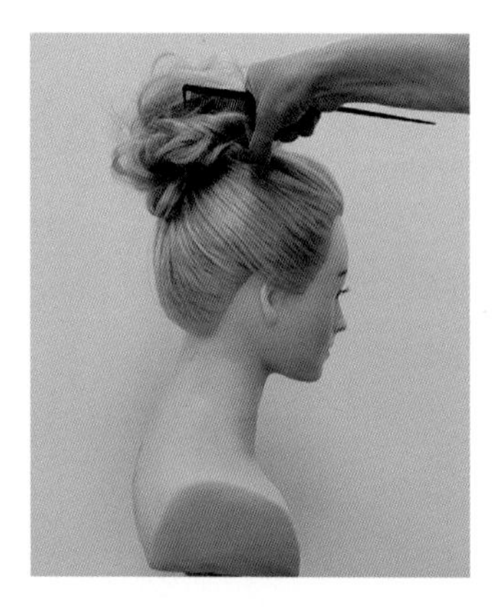

25 사이드도 진행한다.

26 모든 표면 부분에 입체감을 주는 작업을 한다.

완성 1

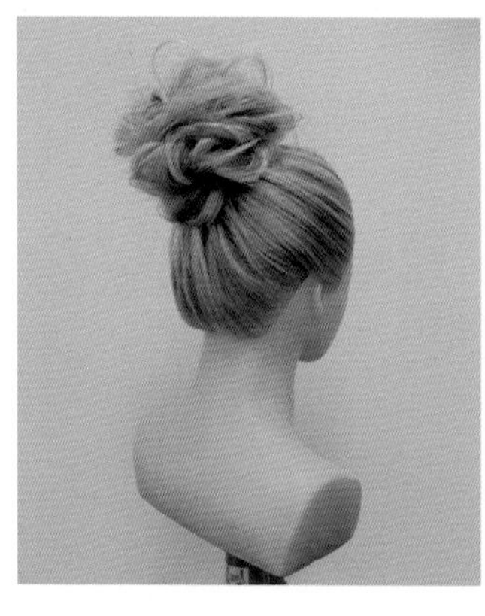

완성 2

완성 3

8) 꼬기 내추럴 업스타일

1 브로킹: 모발은 하나로 빗질한다.

2 위 부분의 모발을 이마부터 삼각형 모양으로 잡아서 묶는다.

3 묶은 모발을 내린다.

4 반으로 가른다.

5 묶인 아래 모발을 사이로 넣는다.

6 넣어진 모습이다.

7 다음 섹션도 삼각형 모양으로 조금 잡는다.

8 하나로 묶는다.

9 다시 같은 방법으로 넣어서 형태를 만든다.

10 넣어진 모습이다.

11 느슨한 고무줄을 위로 올려 형태를 잡는다.

12 조금씩 모발을 잡아서 빼내어 입체감 있는 모양을 만든다.

13 처음 꼰 모발도 잡아 빼준다.

14 다음 섹션도 동일하게 묶고 사이에 넣어 진행한다.

15 아래쪽으로 동일하게 진행한다.

16 중간중간 입체감 있는 모양이 되도록 모발을 잡아 빼준다.

17 여기까지 진행한다.

18 여기까지 진행한다.

19 남은 모발은 하나로 묶는다.

20 두 갈래로 나누어 삼각 땋기로 땋고 가장자리를 느슨하게 잡아 빼준다.

21 왼쪽 땋은 모발을 위로 올린다.

22 묶은 위치에서 한 바퀴 돌린다.

23 핀으로 고정한다.

24 남은 땋은 모발은 왼쪽으로 보내서 핀으로 고정한다.

25 다시 오른쪽으로 보낸다.

26 S 모양처럼 위치를 잡아 주고 핀으로 고정한다.

27 조금씩 모발을 잡아 빼서 자연스러운 모양을 완성한다.

완성 1

완성 2

완성 3

9) 교차 선 모양 업스타일

1 브로킹: B.P 아래 모발은 하나로 빗질한다.

2 브로킹: 앞머리는 왼쪽 가르마로 한다.

3 브로킹: 옆 부분은 백 부분 네이프까지 사선으로 나눈다.

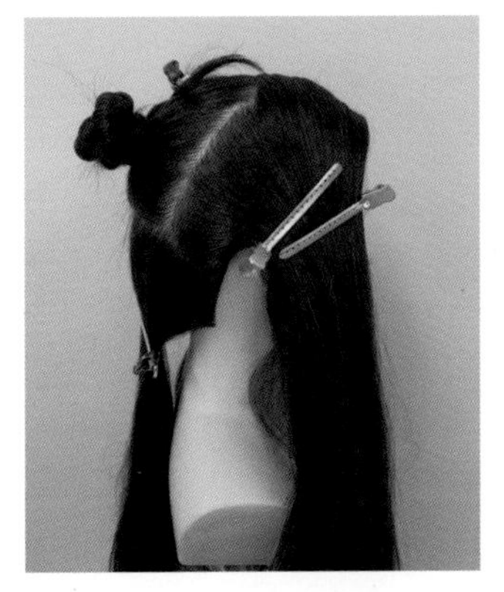

4 브로킹: 옆 부분은 백 부분 네이프까지 사선으로 나눈다.

5 아래쪽은 아래쪽에 묶어 준다.

6 윗부분의 모발은 백콤 한다.

7 돈모빗으로 모발 결을 정리하고 아래로 내린다.

8 O.B 지점에서 모발을 가운데로 모아서 부분 고정 방법으로 고정한다. (4. 머리 묶는 법 / 4) 부분 고정 묶기. 참고)

9 남은 모발은 아래에 먼저 묶어 두었던 모발과 같이 묶는다.

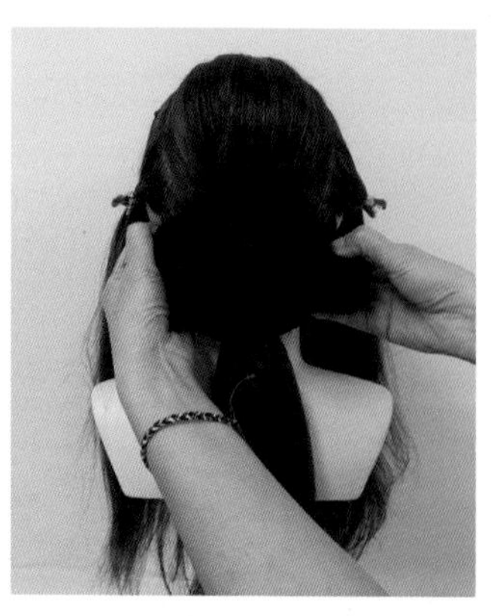

10 아랫부분에 싱을 고정한다. (5. 핀 사용법 / 3) 싱 고정하기. 참고)

11 아래에 묶인 모발로 싱을 감싸고 스프레이를 뿌려 고정한다. 핀을 꽂는다.

12 왼쪽 사이드는 위부터 1.5cm 정도로 사선 섹션으로 나눈다. 아래로 흐르는 사선으로 내려준다.

13 브로킹이 나뉜 부분에서 꺾어 주고 핀셋으로 임의 고정 후 스프레이를 뿌려 준다.

14 아래쪽도 동일하게 진행한다.

15 비슷한 흐름으로 아래까지 진행한다.

16 위쪽으로 간 모발을 백의 센터까지 모아서 연결해 준다.

17 핀컬핀으로 형태를 임의고정하면서 진행한다.

18 꼬리빗으로 빗으며 계속 꼬은 형태를 만들어 준다.

19 싱의 모서리 부분까지 진행한다.

20 F.S.P에서 윗머리를 나눈다. 삼각 땋기로 느슨하게 3번 정도 땋는다.

21 땋은 모양대로 모발을 당겨 볼륨감을 더 만들어 준다.

22 모양을 핀컬핀으로 임의 고정한다. 윗머리의 모양을 만들었다.

23 아랫부분부터는 반대쪽 사이드처럼 사선 섹셔닝하여 뒤쪽으로 흐르는 선으로 보내 준다. 브로킹 선에서 꺾어 준다.

24 아래도 동일하게 진행한다. 브로킹 선에서 꺾인 모습이다.

25 싱의 모서리 부분까지 진행한다.

26 모발 끝부분은 같이 빗질한다.

27 크게 한 번에 틀어 준다. 핀셋으로 임의 고정하고 스프레이를 뿌린다.

28 세 가닥으로 살짝 나눈다.

29 나눈 부분을 면처럼 정리하고 핀셋으로 임의 고정 후, 스프레이를 뿌린다.

30 사선 방향으로 정리하여 내려온다. 싱의 아랫부분에서 핀으로 모발 끝을 정리한다.

31 오른쪽으로 내려온 모발을 핀셋으로 4가닥으로 나눈다. (3가닥으로 나누어도 됨)

32 핀셋으로 구분하여 놓는다.

33 사선 방향으로 면처럼 정리하며 모양을 만들어 준다. 핀셋으로 임의 고정 후, 스프레이를 뿌린다.

완성 1

완성 2

완성 3

3. 다양한 기법을 응용한 업스타일

1) 웨이브 기법

(1) 웨이브 기법을 응용한 업스타일 1

(2) 웨이브 기법을 응용한 업스타일 2

(3) 웨이브 기법을 응용한 업스타일 3

(4) 웨이브 기법을 응용한 업스타일 4

2) 롤 기법

(1) 롤 기법을 응용한 업스타일 1

(2) 롤 기법을 응용한 업스타일 2

(3) 롤 기법을 응용한 업스타일 3

(4) 롤 기법을 응용한 업스타일 4

3) 꼬기 기법

(1) 꼬기 기법을 응용한 업스타일 1

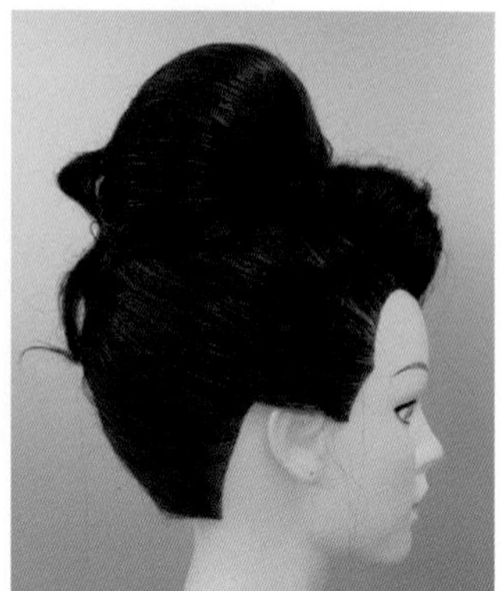

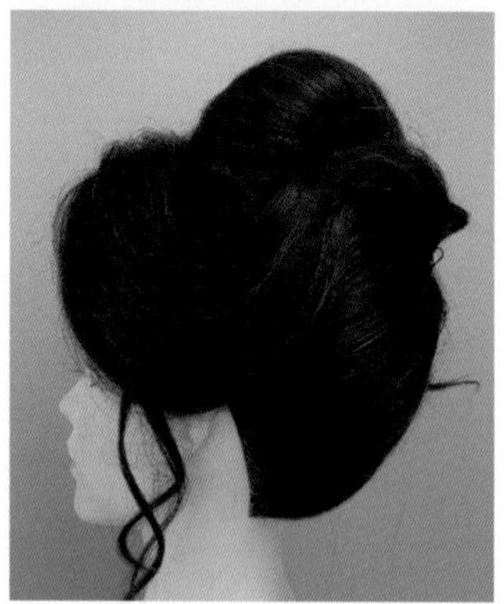

(2) 꼬기 기법을 응용한 업스타일 2

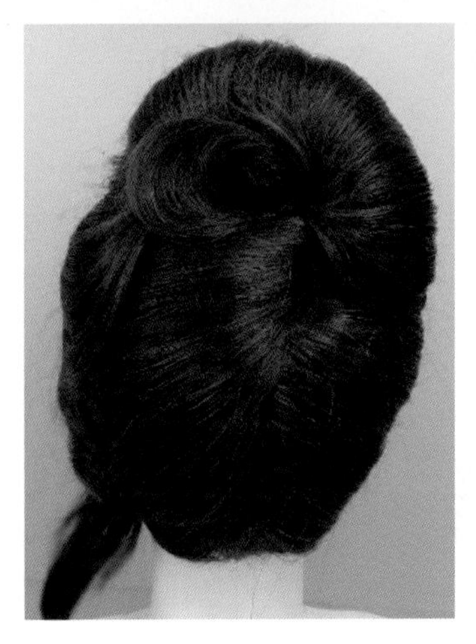

(3) 꼬기 기법을 응용한 업스타일 3

(4) 꼬기 기법을 응용한 업스타일 4

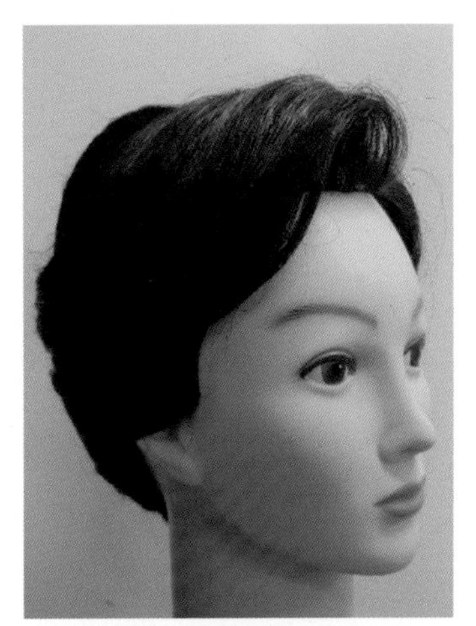

(5) 꼬기 기법을 응용한 업스타일 5

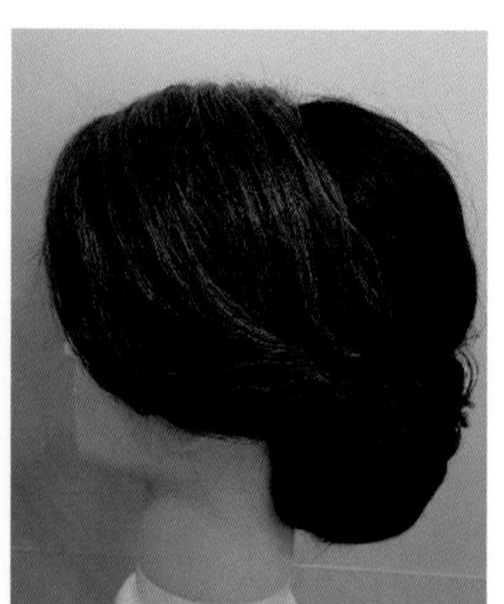

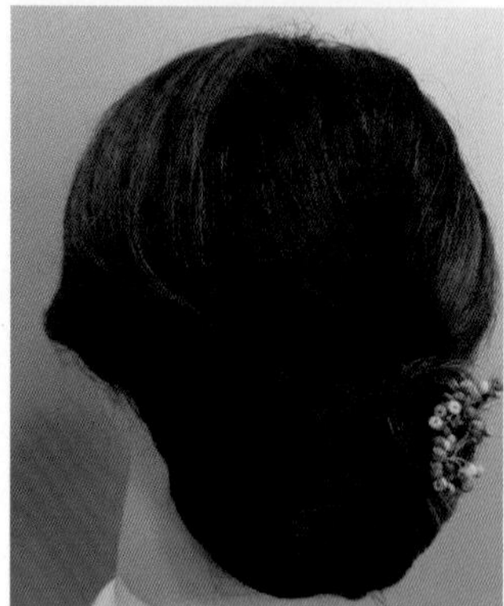

4) 겹치기 기법

(1) 겹치기 기법을 응용한 업스타일 1

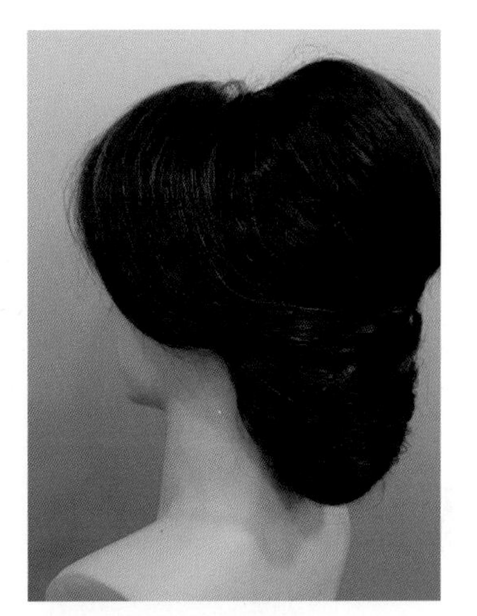

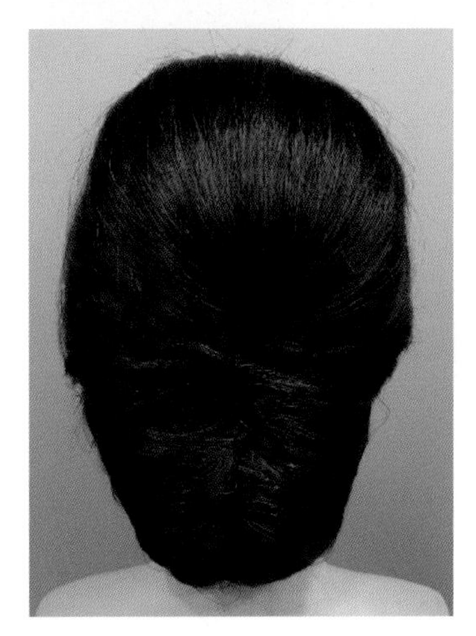

(2) 겹치기 기법을 응용한 업스타일 2

5) 쪽머리 형태

(1) 쪽머리 형태의 업스타일 1

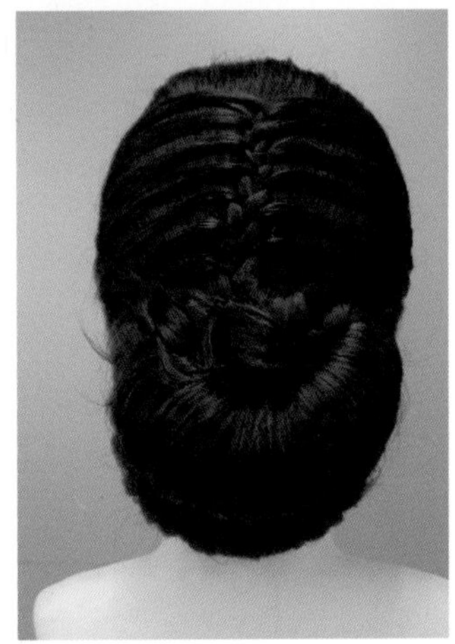

(2) 쪽머리 형태의 업스타일 2

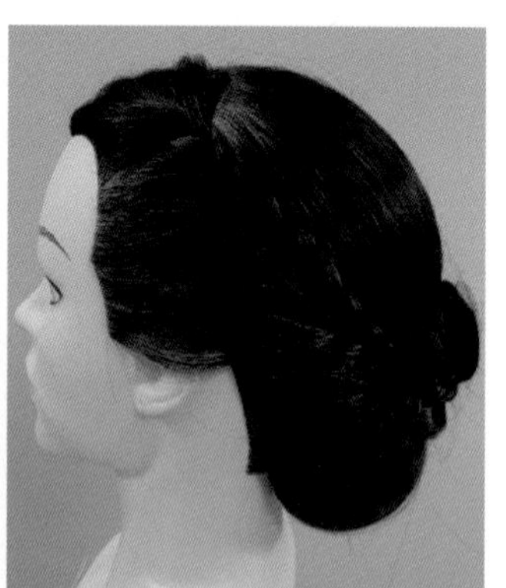

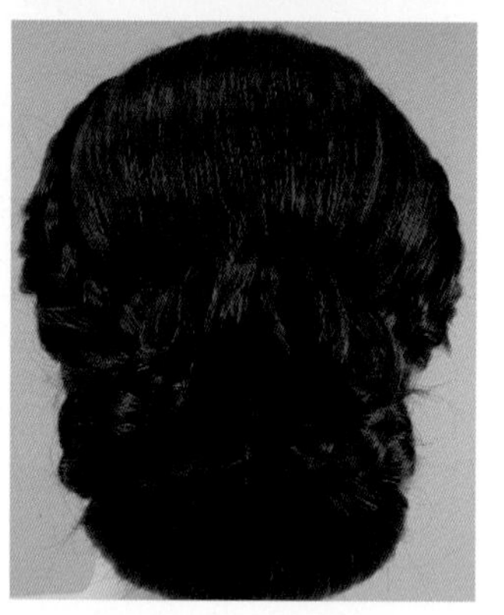

(3) 쪽머리 형태의 업스타일 3

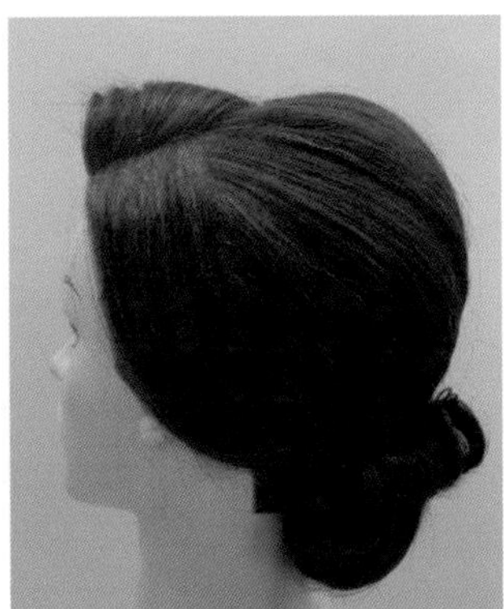

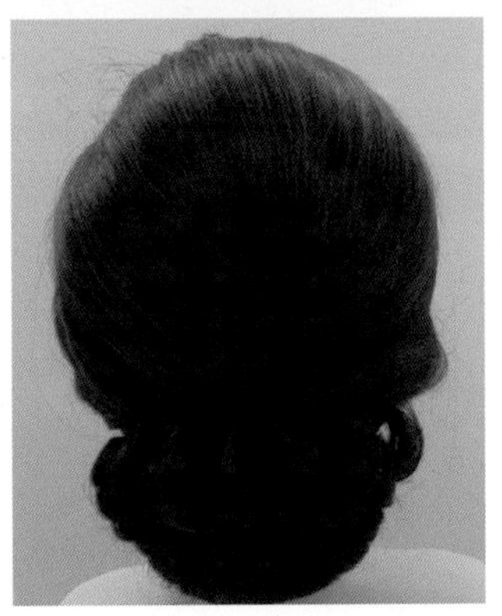

6) 꼬기와 가닥빼기 기법을 응용한 업스타일

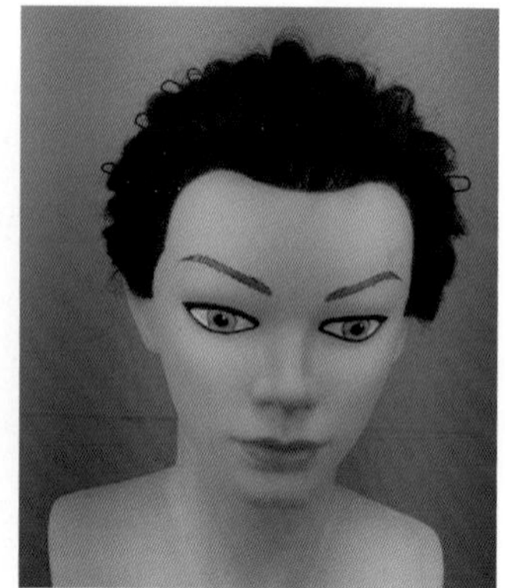

7) 컬 기법과 겹치기 기법을 응용한 업스타일

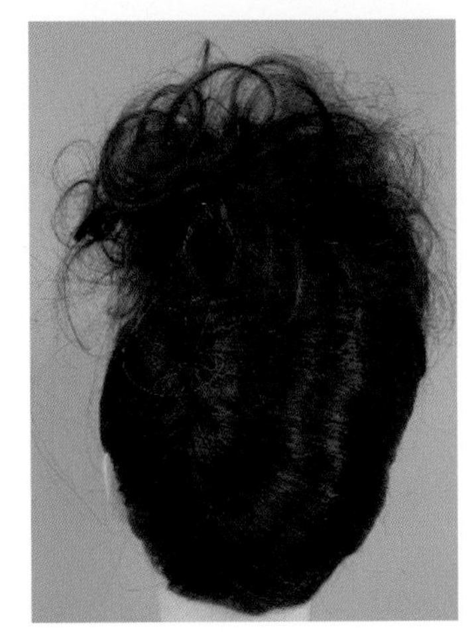

8) 미디업 길이 혼주 업스타일

참고자료

https://www.leonstudioone.com/

《기초 디자인 교과서》, 안그라픽스, 한국디자인학회 지음, 2015

《디자인 수업》, 교문사, 황정혜 외 4명, 2019

《색채와 디자인》, 백산출판사, 유한나 외 2명, 2018

《서양 패션의 역사》, 시공아트, 제임스 레버 지음, 정인희 옮김, 2013

《패션 역사를 만나다》, 창비, 정해영, 2012

《헤어컬러링》, 광문각, 맹유진, 2018

《미용문화사》, 광문각, 정현진 외 3명, 2016

《세계 패션의 흐름》, 지구문화사, 채금석

《최신 업스타일링》, 광문각, 신부섭 외 7명, 2012

《NCS 기반 크리에이티브 업스타일》, 구민사, 어수연 외 7명, 2016

《베이직 업스타일 프로》, 구민사, 이재숙 외 5명, 2017

《감성으로 표현한 실용 업스타일》, 구민사, 이미정 외 1명, 2013

《Up Style & Hair by Night》, 훈민사, 김민선 외 2명, 2012

《업스타일 정석》, 광문각, 김환 외 2인, 2013

REPORT

담당교수:

실습 일자	년 월 일	시술자	성명:
반			학번:
실습 주제			
실습 과정			

실습 완성 사진	앞	옆	옆	뒤

어려운 점	
해결 방법	

자가 평가	평가항목	성 취 수 준				
		매우 미흡	미흡	보통	우수	매우 우수
		①	②	③	④	⑤
	준비상태					
	시술과정					
	완 성					

REPORT

담당교수:

실습 일자	년 월 일	시술자	성명:
반			학번:
실습 주제			
실습 과정			

실습 완성 사진	앞	옆	옆	뒤

어려운 점	
해결 방법	

자가 평가	평가항목	성 취 수 준				
		매우 미흡	미흡	보통	우수	매우 우수
		①	②	③	④	⑤
	준비상태					
	시술과정					
	완 성					

REPORT

담당교수:

실습 일자	년 월 일	시술자	성명:
반			학번:
실습 주제			
실습 과정			

실습 완성 사진	앞	옆	옆	뒤

어려운 점	
해결 방법	

자가 평가	평가항목	성 취 수 준				
		매우 미흡	미흡	보통	우수	매우 우수
		①	②	③	④	⑤
	준비상태					
	시술과정					
	완 성					

REPORT

담당교수:

실습 일자	년 월 일	시술자	성명:
반			학번:
실습 주제			
실습 과정			

실습 완성 사진	앞	옆	옆	뒤

어려운 점	
해결 방법	

자가 평가	평가항목	성 취 수 준				
		매우 미흡	미흡	보통	우수	매우 우수
		①	②	③	④	⑤
	준비상태					
	시술과정					
	완 성					

REPORT

담당교수:

실습 일자	년 월 일	시술자	성명:
반			학번:
실습 주제			
실습 과정			

실습 완성 사진	앞	옆	옆	뒤

어려운 점	
해결 방법	

자가 평가	평가항목	성 취 수 준				
		매우 미흡	미흡	보통	우수	매우 우수
		①	②	③	④	⑤
	준비상태					
	시술과정					
	완 성					

REPORT

담당교수:

실습 일자	년 월 일	시술자	성명:
반			학번:
실습 주제			
실습 과정			

실습 완성 사진	앞	옆	옆	뒤

어려운 점	
해결 방법	

자가 평가	평가항목	성 취 수 준				
		매우 미흡	미흡	보통	우수	매우 우수
		①	②	③	④	⑤
	준비상태					
	시술과정					
	완 성					

REPORT

담당교수:

<table>
<tr><td>실습 일자</td><td>년 월 일</td><td rowspan="2">시술자</td><td>성명:</td></tr>
<tr><td>반</td><td></td><td>학번:</td></tr>
<tr><td>실습 주제</td><td colspan="3"></td></tr>
<tr><td>실습 과정</td><td colspan="3"></td></tr>
</table>

실습 완성 사진	앞	옆	옆	뒤

어려운 점	
해결 방법	

<table>
<tr><td rowspan="6">자가 평가</td><td rowspan="3">평가항목</td><td colspan="5">성 취 수 준</td></tr>
<tr><td>매우 미흡</td><td>미흡</td><td>보통</td><td>우수</td><td>매우 우수</td></tr>
<tr><td>①</td><td>②</td><td>③</td><td>④</td><td>⑤</td></tr>
<tr><td>준비상태</td><td></td><td></td><td></td><td></td><td></td></tr>
<tr><td>시술과정</td><td></td><td></td><td></td><td></td><td></td></tr>
<tr><td>완 성</td><td></td><td></td><td></td><td></td><td></td></tr>
</table>

REPORT

담당교수:

실습 일자	년 월 일	시술자	성명:
반			학번:
실습 주제			
실습 과정			

실습 완성 사진	앞	옆	옆	뒤

어려운 점	
해결 방법	

자가 평가	평가항목	성 취 수 준				
		매우 미흡	미흡	보통	우수	매우 우수
		①	②	③	④	⑤
	준비상태					
	시술과정					
	완 성					

REPORT

담당교수:

실습 일자	년 월 일	시술자	성명:
반			학번:
실습 주제			
실습 과정			

실습 완성 사진	앞	옆	옆	뒤

어려운 점	
해결 방법	

자가 평가	평가항목	성 취 수 준				
		매우 미흡	미흡	보통	우수	매우 우수
		①	②	③	④	⑤
	준비상태					
	시술과정					
	완 성					

REPORT

담당교수:

실습 일자	년 월 일	시술자	성명:		
반			학번:		
실습 주제					
실습 과정					
실습 완성 사진	앞	옆	옆	뒤	
어려운 점					
해결 방법					

자가 평가	평가항목	성 취 수 준				
		매우 미흡	미흡	보통	우수	매우 우수
		①	②	③	④	⑤
	준비상태					
	시술과정					
	완 성					

REPORT

담당교수:

실습 일자	년 월 일	시술자	성명:
반			학번:
실습 주제			
실습 과정			

실습 완성 사진	앞	옆	옆	뒤

어려운 점	
해결 방법	

자가 평가	평가항목	성취수준				
		매우 미흡	미흡	보통	우수	매우 우수
		①	②	③	④	⑤
	준비상태					
	시술과정					
	완 성					

REPORT

담당교수:

<table>
<tr><td>실습 일자</td><td colspan="2">년 월 일</td><td rowspan="2" colspan="2">시술자</td><td colspan="2">성명:</td></tr>
<tr><td>반</td><td colspan="2"></td><td colspan="2">학번:</td></tr>
<tr><td>실습 주제</td><td colspan="6"></td></tr>
<tr><td>실습 과정</td><td colspan="6"></td></tr>
<tr><td rowspan="2">실습
완성
사진</td><td colspan="2">앞</td><td colspan="2">옆</td><td>옆</td><td>뒤</td></tr>
<tr><td colspan="2"></td><td colspan="2"></td><td></td><td></td></tr>
<tr><td>어려운 점</td><td colspan="6"></td></tr>
<tr><td>해결 방법</td><td colspan="6"></td></tr>
<tr><td rowspan="6">자가 평가</td><td rowspan="3">평가항목</td><td colspan="5">성 취 수 준</td></tr>
<tr><td>매우 미흡</td><td>미흡</td><td>보통</td><td>우수</td><td>매우 우수</td></tr>
<tr><td>①</td><td>②</td><td>③</td><td>④</td><td>⑤</td></tr>
<tr><td>준비상태</td><td></td><td></td><td></td><td></td><td></td></tr>
<tr><td>시술과정</td><td></td><td></td><td></td><td></td><td></td></tr>
<tr><td>완 성</td><td></td><td></td><td></td><td></td><td></td></tr>
</table>

REPORT

담당교수:

실습 일자	년 월 일	시술자	성명:
반			학번:
실습 주제			
실습 과정			

실습 완성 사진	앞	옆	옆	뒤

어려운 점	
해결 방법	

자가 평가	평가항목	성 취 수 준				
		매우 미흡	미흡	보통	우수	매우 우수
		①	②	③	④	⑤
	준비상태					
	시술과정					
	완 성					

[저자 소개]

맹유진 건국대학교 이학박사
정화예술대학교 미용예술학부 교수

장선엽 원광대학교 미용학박사
정화예술대학교 미용예술학부 교수

살롱 헤어 업스타일

2022년 11월 22일 1판 1쇄 발 행
2023년 3월 1일 2판 1쇄 발 행

지 은 이 : 맹유진·장선엽
펴 낸 이 : 박 정 태

펴 낸 곳 : **광 문 각**

10881
경기도 파주시 파주출판문화도시 광인사길 161
광문각 B/D 4층
등 록 : 1991. 5. 31 제12-484호
전 화(代) : 031) 955-8787
팩 스 : 031) 955-3730
E - mail : kwangmk7@hanmail.net
홈페이지 : www.kwangmoonkag.co.kr

ISBN : 978-89-7093-165-4 93590

값 : 29,000원